14,80

P. Weish · E. Gruber

Radioaktivität und Umwelt

gustav fischer
taschenbücher

# Radioaktivität und Umwelt

Von

Peter Weish und Eduard Gruber †

Wien

57 Abbildungen und 17 Tabellen

2., neubearbeitete und erweiterte Auflage

SEMPER BONIS ARTIBUS

GUSTAV FISCHER VERLAG · STUTTGART · NEW YORK
1979

Anschrift des Verfassers:

Dr. Peter Weish
Österreichische Akademie der Wissenschaften,
Institut für Umweltwissenschaften und Naturschutz,
Messepalast, Stiege 14, A-1070 Wien

**CIP-Kurztitelaufnahme der Deutschen Bibliothek**

**Weish, Peter:**
Radioaktivität und Umwelt / von Peter Weish u.
Eduard Gruber. – 2., bearb. Aufl. – Stuttgart,
New York : Fischer, 1979.
(Gustav-Fischer-Taschenbücher)
ISBN 3-437-30289-2

NE: Gruber, Eduard:


Wollgrasweg 49 · D-7000 Stuttgart 70

Satz: Satztechnik Maier, Hechingen
Druck: Offsetdruckerei Karl Grammlich, Pliezhausen
Einband: Großbuchbinderei Clemens Maier, Leinfelden-Echterdingen
Printed in Germany

*Dieses Buch ist dem Andenken an*

*Hartmut Gründler*
*Bodo Manstein*
*Gertrude Pleskot und*
*Ernst Friedrich Schumacher*

*gewidmet*

DATA
RICHARD WILSON

## Vorwort zur 1. Auflage

Dieses Buch entstand als Ergebnis mehrerer Seminare auf Anregung von Professoren und Studenten und ist ein Versuch, die vielschichtigen Wechselwirkungsbeziehungen zwischen Radioaktivität und Biosphäre instruktiv darzustellen.

Es ist als Studienbehelf zur Verwendung im Rahmen allgemeiner Umweltseminare konzipiert, soll aber darüber hinaus auch dem Einzelnen allgemeinverständliche Information über diesen speziellen Fragenkomplex bieten und ihm den Weg zu weiterführender wissenschaftlicher Literatur über Detailbereiche öffnen.

Unser besonderer Dank gilt all jenen, die in kritischen Diskussionen und mit bereichernden Anregungen am Entstehen dieses Buches Anteil genommen haben. Hinweise und Bemerkungen, die einer Verbesserung des Textes in fachlicher oder didaktischer Hinsicht dienen könnten, sind uns stets willkommen.

Wien, November 1974

*Peter Weish*
*Eduard Gruber*

## Vorwort zur 2. Auflage

Wachsende Aktualität der Atomenergiefrage und zunehmendes Interesse an der damit verbundenen vielschichtigen Thematik machten die Vorbereitung einer zweiten Auflage erforderlich. Neben zahlreichen Ergänzungen und Berücksichtigungen neuer Arbeiten wurden zwei zusätzliche Kapitel (3.2.4. und 4.4.4.) aufgenommen.

Trotz der großen Zahl von Büchern, die in den letzten Jahren zum Thema Atomenergie erschienen sind, glauben wir, daß dieser Band seinen Wert als Einführung naturwissenschaftlich interessierter Leser in diesen aktuellen Fragenkomplex behalten wird.

Wien, Juni 1978

*Peter Weish*
*Eduard Gruber*

# Inhalt

# 1. Einleitung

Analysen der Umweltkrise, die an ihren vielfältigen Symptomen wie Wasser- und Luftverschmutzung, Streßfaktoren usw., ansetzen, verstricken sich zumeist in dem komplizierten Netz der verschiedenen Bereiche. Als Instrument sind sie wenig geeignet, zu den Wurzeln der Probleme vorzudringen, und die aus solchen Analysen abgeleiteten Umweltschutzmaßnahmen gleichen kosmetischen Operationen.

Ein anderer – wie uns scheint, besserer – Weg besteht darin, als Beispiel auch für andere dysbiotische Einflüsse einen einzelnen Umweltfaktor von der molekularen bis in die wirtschaftliche und politische Ebene zu verfolgen, um so den Ursachen der krisenhaften Entwicklung näher zu kommen.

Die Auseinandersetzung mit dem Umweltfaktor Radioaktivität erweist sich aus folgenden Gründen als lohnend:

- Er ist beispielhaft für biologische Zusammenhänge, bzw. wirtschaftliche Wachstumsprozesse und die Unzulänglichkeit gesellschaftlicher Kontrollmechanismen.
- Seine Bedeutung ergibt sich aus der beabsichtigten Eskalation der Kernenergieproduktion und Nuklearindustrie.
- Den Langzeit- und Spätschäden aus der Kerntechnik kann in ihrem Anfangsstadium am wirksamsten vorgebeugt werden.

Die laufende Diskussion um die Kernenergie soll mit diesem Beitrag gefördert und sachlich bereichert werden.

## 2. Physikalische Grundlagen und Maßeinheiten

In diesem Abschnitt sollen jene physikalischen Begriffe und Vorgänge erklärt bzw. beschrieben werden, soweit sie für das Verständnis der folgenden Kapitel nützlich oder notwendig sind.

Den Ausgangspunkt bildet der Atombau. Das Atom besteht aus dem Kern und der ihn umgebenden Elektronenhülle, die für die chemischen Eigenschaften verantwortlich ist.

Der Atomkern setzt sich aus elektrisch positiv geladenen Kernbausteinen, den Protonen, und aus elektrisch neutralen Teilchen, den Neutronen, zusammen. Die Zahl der Protonen, sie wird auch als Kernladungs- oder Ordnungszahl (Z) bezeichnet, ist eine für jedes chemische Element charakteristische Größe. Durch sie ist die Stellung des Elements im Periodensystem fixiert. Jedes Element hat also eine genau festgelegte Anzahl von Protonen, die im elektrisch neutralen Zustand des Atoms mit der Anzahl der negativ geladenen Elektronen in der Elektronenhülle übereinstimmt. Im Gegensatz zur Protonenzahl kann bei ein und demselben Element die Zahl der Neutronen variieren. Da Protonen und Neutronen nahezu die gleiche Masse haben, ergeben sich aus diesen Unterschieden in der Neutronenzahl des Kerns verschieden schwere Atome eines Elements, die man Isotope nennt. Als Beispiele seien die drei Isotope des Wasserstoffs angeführt:

Wasserstoff (H-1): 1 Proton, kein Neutron
Deuterium (H-2): 1 Proton, 1 Neutron (schwerer Wasserstoff)
Tritium (H-3): 1 Proton, 2 Neutronen (überschwerer Wasserstoff)

Abgesehen von zwei Ausnahmen (Technetium, Promethium) hat jedes chemische Element bis einschließlich Ordnungszahl 83 (Wismut) mindestens ein stabiles und in der Regel mehrere instabile, radioaktive Isotope.

Ist die Zusammensetzung der Kerne einer Atomart durch die Anzahl der Protonen und Neutronen sowie ihren Energieinhalt definiert, spricht man von einem Nuklid; die Begriffe Isotop und Nuklid sind nicht synonym zu verwenden.

Heute sind etwa 275 stabile und 1400 instabile Nuklide bekannt. Die Materie wird im wesentlichen von stabilen Nukliden aufgebaut. In geringerer Menge enthält sie jedoch auch radioaktive Nuklide (z. B. Kalium-40, Thorium-232 usw.), die die natürliche Radioaktivität verursachen. Die überwiegende Zahl der Radionuklide kann nur künstlich hergestellt werden; sie entstehen entweder bei der Spaltung schwerer Atomkerne oder bei bestimmten Kernreaktionen.

Die Radionuklide unterliegen dem radioaktiven Zerfall, der sich mit statistischen Gesetzen beschreiben läßt, von außen jedoch nicht zu beeinflussen ist. Dabei wandeln sie sich direkt, oder über radioaktive Zwischenprodukte (Tochternuklide) in stabile Nuklide um. Der radioaktive Zerfall erfolgt unter Aussendung von Teilchen, Photonen oder beidem, oder unter Emission von Röntgenstrahlung, nachdem ein Elektron der Elektronenhülle vom Atomkern eingefangen wurde.

Die *Aktivität* (A), das ist die Zerfallsgeschwindigkeit, wird entweder in Zerfällen pro Zeiteinheit (dps = disintegrations per second; dpm = disintegrations per minute) oder in *Curie* (Ci) angegeben. Die Einheit Curie leitet sich ursprünglich von der Radioaktivität von 1 g Radium-226 ab und ist heute mit 37,0 Milliarden Zerfällen pro Sekunde definiert.

In der Praxis werden häufig die folgenden Abstufungen verwendet:

1 Megacurie (MCi) = 1 Million Curie
1 Millicurie (mCi) = $3{,}7 \times 10^7$ Zerfälle/s*
1 Microcurie ($\mu$Ci) = $3{,}7 \times 10^4$ Zerfälle/s
1 Picocurie (pCi) = 2,22 Zerfälle/m

Nach Ablauf einer Halbwertszeit (T) sind sowohl die Menge als auch die Aktivität (A) eines radioaktiven Stoffes auf den halben Wert abgesunken, gemäß der Beziehung

$$A = A_0 \cdot 2^{-t/T}$$

t = Abklingzeit
$A_0$ = Anfangsaktivität

Wird die Aktivität eines Radionuklids auf die Masse seiner Verbindung, seines Elements oder seine eigene Masse bezogen, erhält man die spezifische Aktivität. Die gebräuchliche Einheit dafür ist Curie pro Gramm (Ci/g). Die spezifische Aktivität $A_{spez}$ trägerfreier Radionuklide, das sind solche, die frei von Beimengungen inaktiver Isotope des gleichen Elements sind, erhält man

* s = Sekunden, m = Minuten, h = Stunden, d = Tage, a = Jahre.

aus der relativen Atommasse («Atomgewicht») M und der Halbwertszeit T nach der Gleichung

$$A_{spez} = \frac{3.576 \cdot 10^5}{M \cdot T} \qquad (A_{spez} \text{ in Ci/g, T in Jahren})$$

Die beim radioaktiven Zerfall entstehende Strahlung ist energiereich genug, nicht nur um Moleküle anzuregen, sondern auch um Ionisationen auszulösen. Dabei werden Elektronen aus der Elektronenhülle herausgeschlagen. Man bezeichnet sie deshalb als ionisierende Strahlung. Ihre Energie wird in Elektronvolt und dezimalen Vielfachen davon angegeben:

1 Megaelektronvolt (MeV) =
= 1 000 Kiloelektronvolt (keV) =
= 1 000 000 Elektronvolt (eV)

Ein Elektronvolt (1 eV) ist jene Energie, die ein einfach positiv oder negativ geladenes Teilchen beim Durchlaufen einer Spannungsdifferenz von 1 Volt aufnimmt. Das Elektron erreicht dabei eine Geschwindigkeit von 600 km pro Sekunde.

$$1 \text{ MeV} = 1{,}602 \cdot 10^{-13}\text{J}^{*} = 3{,}8266 \cdot 10^{-14}\text{cal}$$

Zum Vergleich: die thermische Energie der Atome eines weißglühenden Körpers beträgt weniger als 0,5 eV.

Geladene Teilchen (Alpha-, Betateilchen, Protonen) treten entlang ihrer Bahn unmittelbar in Wechselwirkung mit der Materie (direkt ionisierende Strahlung). Bei diesen Prozessen werden Sekundärelektronen (Deltateilchen) losgeschlagen, die analog $\beta$-Teilchen wirksam sind.

Mit abnehmender Energie der Primär- und Sekundärteilchen, d. h. gegen Ende ihrer Bahn, steigen die Häufigkeit von Wechselwirkungen, die Energieabgabe und die Ionisationsdichte an. Die Weglänge des Teilchens ist von seiner Energie, Masse und Ladung, sowie von der Dichte des durchdrungenen Stoffes abhängig.

Alpha-aktive Radionuklide emittieren zweifach positiv geladene Heliumkerne (2 Protonen + 2 Neutronen) mit definierter einheitlicher Energie; dabei nimmt die Ordnungszahl des Mutterkerns um 2 Einheiten, seine Massenzahl um 4 Einheiten ab. Infolge ihrer hohen Ionisationsdichte werden $\delta$-Teilchen, trotz ihrer gegenüber $\beta$-Teilchen bis über 10fach größeren Energie, im

* Joule (J) = Wattsekunde (Ws).

biologischen Gewebe schon nach einer kurzen Wegstrecke von ~ 50 μm (ca. 1/20 mm, dies entspricht einigen Zelldurchmessern) absorbiert. In Luft haben $\alpha$-Teilchen eine Reichweite in der Größenordnung von Zentimetern (Abb. 1). Die Energie der Alpha-

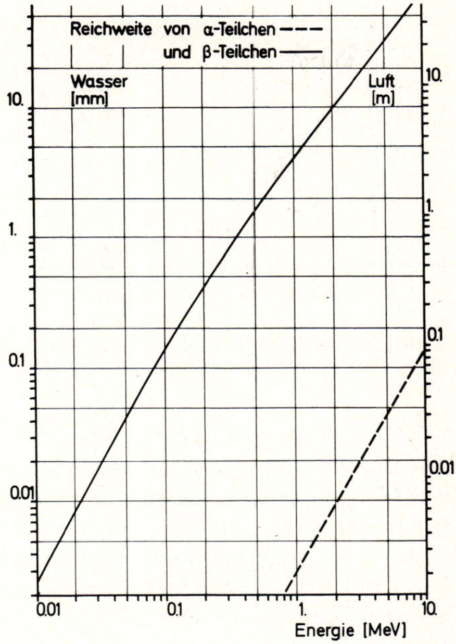


Abb. 1: Die Absorption energiereicher Elektronen und Heliumkerne in Luft und Wasser (nach Nelms 1956, Bacq & Alexander 1961).

teilchen liegt bei ca. 4–9 MeV, das entspricht einer Anfangsgeschwindigkeit von etwa 5–7 % der Lichtgeschwindigkeit (rund 20 000 km/sec).

Unter $\beta$-Strahlung versteht man die Emission von Elektronen ($e^-$) und im weiteren Sinne auch von Positronen ($e^+$) direkt aus dem Atomkern, wobei sich die Ordnungszahl des betreffenden Nuklids um eine Einheit erhöht bzw. erniedrigt, die Masse des Atomkerns aber unverändert bleibt. Die emittierten $\beta$-Teilchen haben jedoch keine einheitliche Energie, sondern zeigen ein kontinuierliches Energiespektrum (Abb. 2), da gleichzeitig mit dem Elektron (Positron) ein Antineutrino (Neutrino) mit der Diffe-

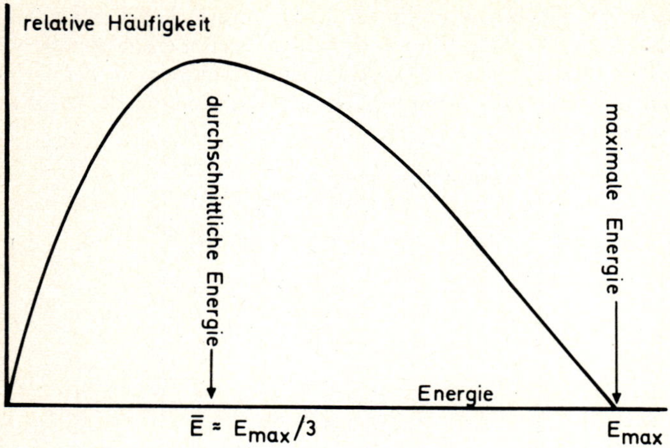


Abb. 2: Spektrum der Energie von β-Teilchen aus einem definierten Radionuklid (nach Page & Pulsford 1967).

renzenergie zur Maximalenergie (die für jedes Radionuklid einen charakteristischen Wert hat) emittiert wird; die mittlere Energie der β-Teilchen ($\bar{E}$) ist annähernd ein Drittel der maximalen β-Energie ($E_{max}$). Die maximale Energie von β-Teilchen liegt bei ca. 1–3 MeV entsprechend einer Anfangsgeschwindigkeit von rund 95 % der Lichtgeschwindigkeit. β-Teilchen geben ihre Energie außer durch Ionisation auch in Form von elektromagnetischer Wellenstrahlung ab, die bei der Ablenkung eines Elektrons aus der geradlinigen Bahn durch ein starkes elektrisches Feld (z. B. in der Nähe des Atomkerns) entsteht. Sie wird als Bremsstrahlung bezeichnet.

Die $\beta^+$-Teilchen reagieren sehr rasch mit Elektronen. Dabei wird die Materie direkt in Energie umgewandelt;. es entsteht elektromagnetische Strahlung, und zwar zwei Photonen (Gamma-Quanten) von jeweils 0,511 MeV, die sogenannte Vernichtungsstrahlung.

Die Emission von Protonen, ebenfalls direkt ionisierende Teilchen, ist auf wenige kurzlebige (HWZ $<$ 1 Minute) Radionuklide beschränkt und nur von geringem praktischen Interesse.

Nach der Emission von α- oder β-Teilchen befindet sich der Kern sehr oft noch in einem angeregten, energiereichen Zustand. Diesen Energieüberschuß gibt er innerhalb von Sekundenbruchteilen in Form elektromagnetischer Wellenstrahlung, der γ-Strahlung ab. Diese Energieabgabe kann in einem ein- oder mehrstufigen Prozeß erfolgen, der für das jeweilige Radionuklid typisch ist.

Elektromagnetische Strahlung (Gamma- oder Röntgenstrahlung, Abb. 3) und ungeladene Teilchen (z. B. Neutronen), die imstande

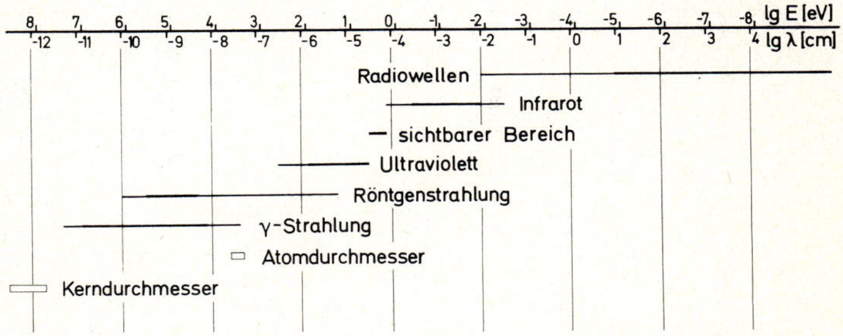


Abb. 3. Wellenlänge und Energie verschiedener Arten elektromagnetischer Strahlenarten.

sind, beim Durchgang durch Materie direkt ionisierende Teilchen freizusetzen oder Kernumwandlungen herbeizuführen, nennt man indirekt ionisierende Strahlung.

Ionisierende Strahlung wird von Materie absorbiert. Die Absorption von Gammastrahlung läßt sich bei Ausschaltung der Streustrahlung mit dem aus der Optik bekannten Absorptionsgesetz beschreiben:

$$I = I_0 \cdot e^{-k \cdot s}$$

$I_0$ = Intensität vor dem Absorber
$I$ = Intensität hinter dem Absorber
$s$ = Dicke der absorbierenden Schicht
$k$ = Absorptionskoeffizient des absorbierenden Materials

Der Absorptionskoeffizient k und die sich daraus ergebende Halbwertsdicke

$$s_{1/2} = \frac{\ln 2}{k} \qquad (\ln 2 = 0{,}69315)$$

sind von der Energie der $\gamma$-Quanten (Abb. 4) und dem Absorbermaterial, insbesondere von seinem spezifischen Gewicht, abhängig. Deshalb werden zur Strahlungsabschirmung sehr schwere Materialien verwendet. Eine alte Regel sagt jedoch, daß im

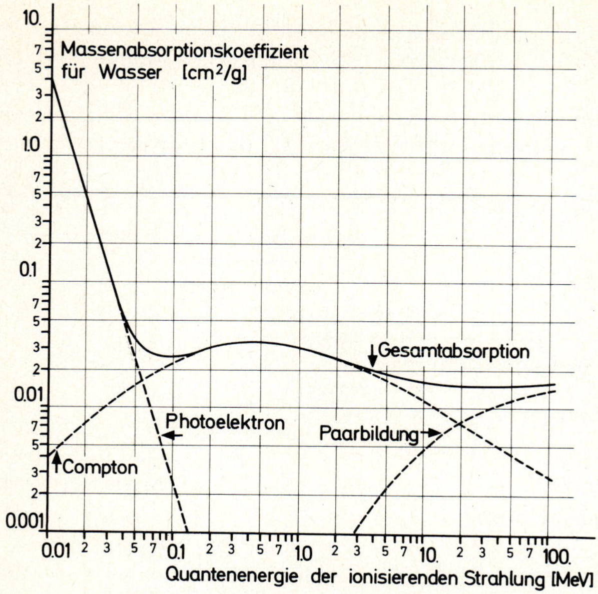


Abb. 4: Absorption von $\gamma$-Strahlen in Wasser (nach Heitler 1954).

Strahlenschutz ein Gramm Hirn weit besser ist als eine Tonne Blei (Seelentag 1973).

Bei der Absorption werden über drei Mechanismen der Wechselwirkung (Photo-, Compton-, Paarbildungseffekt) Sekundärelektronen (Delta-Teilchen) ausgelöst. Unter Photoeffekt versteht man das Losschlagen eines Elektrons durch das Gammaquant, wobei jenes die gesamte Photoenergie beinhaltet; wird hingegen nur ein Teil der Energie auf das Elektron übertragen während die Restenergie bei einem entsprechend energieärmeren Photon verbleibt, spricht man vom Compton-Effekt. Gammaquanten, deren Energie das doppelte Energieäquivalent der Ruhemasse von Elektronen übersteigt ($E > 1{,}022$ MeV), können im starken elektrischen Feld eines Atomkerns ein Elektron-Positron-Paar bilden.

Radionuklide mit einem Neutronenüberschuß, wie sie bei der Kernspaltung entstehen, stabilisieren sich im allgemeinen durch $\beta^-$-Strahlung. Liegt hingegen ein Protonenüberschuß vor, dann erfolgt die Stabilisierung entweder durch Emission von $\beta^+$-Teilchen oder durch sogenannten K-Einfang. Bei diesem wird ein

Elektron aus der innersten Bahn (K-Elektronenschale) vom Kern eingefangen und dort als Folge davon ein Proton in ein Neutron umgewandelt. Die freigewordene energiearme Elektronenbahn wird von einem Elektron aus einem energiereicheren Niveau aufgefüllt, und die Differenzenergie als von außen beobachtbare Röntgenstrahlung abgegeben. Auch sie ist, wie die Gammastrahlung, nicht direkt ionisierend, sondern wird durch Sekundärelektronen wirksam.

Einige wenige Radionuklide, die praktisch nur im Kernreaktor vorkommen, zerfallen unter Aussendung von Neutronen. Der Reaktor selbst ist die stärkste künstliche Neutronenquelle.

Von den vielen Möglichkeiten der Neutronen, mit Materie in Wechselwirkung zu treten, seien die wichtigsten kurz beschrieben:

Als ungeladenes Teilchen vermag ein Neutron, unbeeinflußt vom elektrischen Feld der Elektronenhülle und des Kernes die Materie zu durchdringen. Trifft es auf einen Atomkern, kann es die Energie an ihn abgeben und zwar um so mehr, je leichter der Kern ist – eine optimale Energieübertragung erfolgt an den Wasserstoffkern, was die biologische Wirkung von Neutronenstrahlung bedeutungsvoll macht. Das Neutron kann aber auch vom Kern eingefangen werden und dabei ein stabiles, in ein radioaktives Nuklid umwandeln (Neutronenaktivierung). Einige schwere Nuklide, wie z. B. Uran-235 oder Plutonium-239, unterliegen der Kernspaltung, wenn sie von Neutronen getroffen werden; es entstehen zwei (zuweilen auch drei) Spaltkerne und Spaltneutronen. In freier Form sind Neutronen jedoch nicht stabil, sondern zerfallen mit einer Halbwertszeit von 10,8 Minuten unter Aussendung eines $\beta^-$-Teilchens zu Wasserstoffkernen (Protonen).

Eine überaus seltene Form radioaktiven Zerfalls ist die spontane Spaltung von Atomkernen ohne äußeren Einfluß; in 1 Gramm Uran-238 zerfällt alle 2–3 Minuten ein Kern durch spontane Spaltung. In merklichem Umfang tritt Spontanspaltung jedoch nur bei einzelnen Isotopen schwerer Transuranelemente auf (Tab. 1). Dabei entstehen ebenfalls Spaltkerne und Neutronen.

Ionisierende Strahlung wird wirksam, sobald sie absorbiert wird. Zur quantitativen Erfassung der Strahlenmenge, der Dosis, wird entweder die Zahl der erzeugten Ionenpaare (Ionendosis) oder die absorbierte Energie (Energiedosis), jeweils bezogen auf die Masse des bestrahlten Materials, herangezogen.

Tab. 1: Radionuklide mit spontaner Spaltung (Lederer et al. 1967)

| Nuklid | Halbwertszeit | Kernumwandlung durch $\alpha$-Zerfall | spontane Spaltung |
|---|---|---|---|
| Curium-248 | $4{,}7 \times 10^5$ a | 89 % | 11 % |
| Curium-250 | $1{,}7 \times 10^4$ a | — | 100 % |
| Californium-252 | 2,65 a | 96,9 % | 3,1 % |
| Californium-254 | 60,5 d | ~ 0,2 % | > 99 % |
| Fermium-256 | 2,7 h | 3 % | 97 % |
| Nobelium-252 | 2,1 s | ~ 70 % | ~ 30 % |

Die Maßeinheit der *Ionendosis* ist das *Röntgen* (R):

$$1\ \text{R} = 2{,}58 \times 10^{-4}\ \text{C/kg}^*$$

In Luft sind unter Standardnormalbedingungen (760 Torr, 0° C) 33,7 eV zur Bildung eines Ionenpaares notwendig. Daraus ergibt sich für eine Dosis von 1 Röntgen die Auslösung von $2{,}082 \times 10^9$ Ionenpaaren pro Kubikzentimeter; das entspricht einer absorbierten Energie von ca. 87 erg/g.

Die *Energiedosis* wird in *rad* (radiation absorbed dose) gemessen. Es entspricht dabei

$$1\ \text{rad} = 100\ \text{erg/g} = 0{,}01\ \text{J/kg} = 2{,}388 \times 10^{-6}\ \text{cal/g} = \\ = 6{,}242 \times 10^{13}\ \text{eV/g} = 1{,}95 \times 10^{-8}\ \text{MeV} \cdot \text{Ci} \cdot \text{d/g}$$

Die Einheit rad soll jetzt durch die neue Einheit *Gray* (Gy) ersetzt werden.

$$1\ \text{Gy} = 1\ \text{J/kg} = 100\ \text{rad}$$

Die biologische Wirksamkeit ionisierender Strahlung hängt außer von der absorbierten Strahlungsenergie noch von der Ionisationsdichte der verschiedenen Strahlenarten und -energien ab. Die Energieabgabe pro Längeneinheit (linearer Energietransfer, LET) ist um so größer, je höher die Ladung und je geringer die Geschwindigkeit des ionisierenden Teilchens ist. Gegen Ende der Bahn eines Teilchens verringert sich seine Geschwindigkeit als Folge der Energieabgabe, seine Ionisationsfähigkeit bzw. die Ionisationsdichte nehmen deshalb zu.

Das Energieabgabevermögen schneller Elektronen ist nicht nur beim Betazerfall, sondern auch bei Röntgen- und Gammastrahlung von Interesse, deren Wirkung auf die Sekundärelektronen zurückzuführen ist (Abb. 5). Die Ionisationsdichte verschiedener

* Coulomb (C) = Amperesekunde (As).

Strahlenqualitäten in biologischem Gewebe kann mit derjenigen im Wasser weitgehend gleichgesetzt werden.

Die *Äquivalenzdosis* ist ein Maß, das die biologische Wirksamkeit verschiedener Strahlenarten berücksichtigt. Ihre Maßeinheit ist das *rem* (roentgen equivalent man). Man erhält sie, indem man die Energiedosis mit dem Qualitätsfaktor (QF) und eventu-

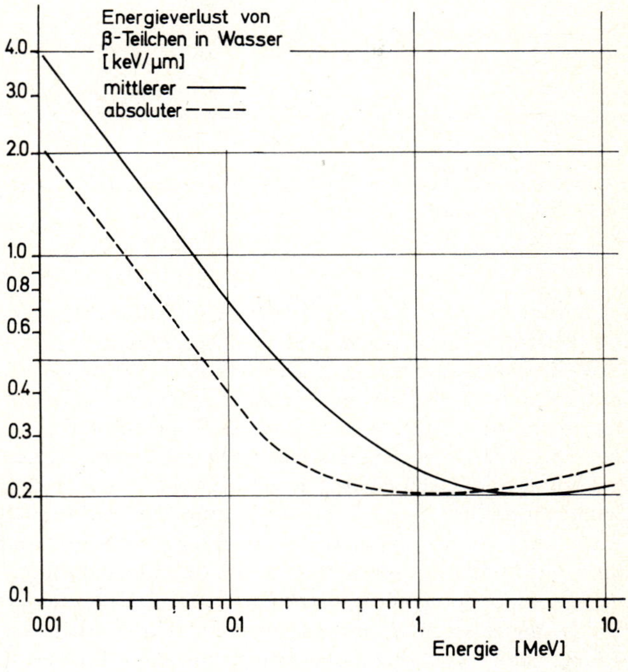


Abb. 5: Energieabgabe von Elektronen in Wasser in Abhängigkeit von ihrer Energie (absolut) bzw. über die gesamte von ihnen zurückgelegte Wegstrecke gemittelt (nach Nelms 1956, verändert).

ellen anderen modifizierenden Faktoren multipliziert. Der QF-Wert ist ein dimensionsloser Bewertungsfaktor, der die relative biologische Wirksamkeit der Strahlung normieren soll; zwischen ihm und der Ionisationsdichte bzw. dem linearen Energietransfer (LET-Wert) besteht ein Zusammenhang (Abb. 6).

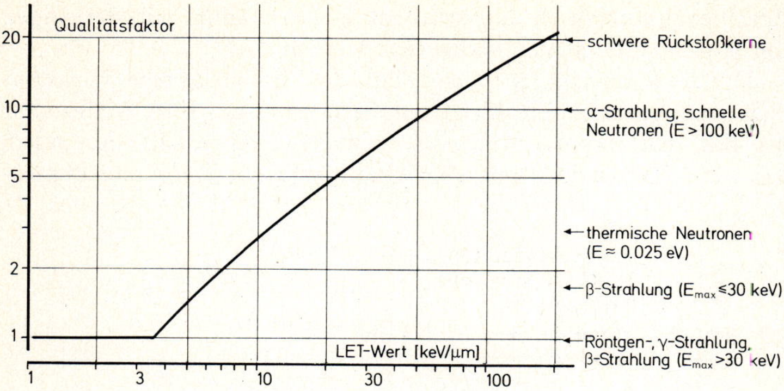


Abb. 6: Übereinkunft über den Qualitätsfaktor verschiedener Strahlenarten (nach RBE-Committee 1963).

Der Qualitätsfaktor stellt für die jeweilige Strahlenart einen gemittelten Wert dar, der aus verschiedenen, experimentell gewonnenen RBW-Werten abgeleitet wird. Der Faktor der *relativen biologischen Wirksamkeit* (RBW) oder *relative biological effectiveness* (RBE) gibt an, wievielmal eine bestimmte Strahlenart in der Erzeugung eines speziellen strahlenbiologischen Effektes wirksamer ist, als Photonen mit einer Energie von 100–200 keV (Röntgen- und Gammastrahlung). Es ist jedoch hervorzuheben, daß der RBW-Wert nicht nur von der Qualität der Strahlung abhängt, sondern daß sich je nach untersuchtem System und Versuchsbedingungen erhebliche Unterschiede ergeben können (siehe z. B. Nettancourt et al. 1977). Somit haftet allen rem-Angaben eine Unsicherheit an, die jeweils Gegenstand kritischer Betrachtung sein muß. Als neue Einheit der Äquivalenzdosis wurden von der International Commission on Radiological Units and Measurements (ICRU) die Bezeichnung *Sievert* (Sv) vorgeschlagen; 1 Sv = 100 rem.

Die Gesamtstrahlenbelastung von Bevölkerungsgruppen wird gelegentlich in *man-rem* angegeben. Diese *Bevölkerungsdosis* wird entweder als Summe der Einzeldosen oder als Produkt aus Durchschnittsbelastung und Individuenzahl ermittelt.

Die Intensität der Strahlung, die Dosisleistung, ergibt sich aus der pro Zeiteinheit aufgenommenen Dosis. Die gebräuchlichsten Einheiten der Ionen-, Energie- bzw. Äquivalenzdosisleistung sind R/h, rad/h bzw. rem/h und ihre dezimalen Abstufungen. Die

Gamma-Dosisleistung einer punktförmigen Strahlenquelle ist dem Quadrat des Abstandes umgekehrt proportional – Abstand ist demzufolge der billigste Strahlenschutz.

Eine charakteristische Größe der einzelnen $\gamma$-aktiven Radionuklide ist die spezifische Dosisleistungskonstante (Anhang 1). Sie ermöglicht die Berechnung der Dosisleistung in jeder beliebigen Entfernung von einer Strahlenquelle mit bekannter Aktivität.

$$\text{Dosisleistungskonstante} \times \frac{\text{Aktivität}}{(\text{Entfernung})^2} = \text{Dosisleistung}$$

Für eine Cobalt-60-Quelle von 3 Ci ergibt sich beispielsweise in 2 m Entfernung:

$$1{,}35 \left[\frac{\text{R} \times \text{m}^2}{\text{h} \times \text{Ci}}\right] \times \frac{3[\text{Ci}]}{4[\text{m}^2]} = 1{,}013 \left[\frac{\text{R}}{\text{h}}\right]$$

Bei der Ermittlung der Strahlenbelastung eines vielzelligen Organismus aus inkorporierten radioaktiven Stoffen komplizieren sich die Verhältnisse. So müssen außer der Zerfallsart der Radionuklide und aktiven Folgeprodukten (wenn Zerfallsreihen vorliegen), auch die chemische Form, ihre Funktion in den Stoffwechselkreisläufen, spezifische Anreicherung in einzelnen Organen, Retentions- und Ausscheidungsmechanismen usw. mit in die Betrachtung einbezogen werden. Unter der stark vereinfachenden Annahme einer Kinetik erster Ordnung kann verschiedenen Nukliden bzw. Stoffen eine biologische Halbwertzeit $T_b$ zugeschrieben werden. Man versteht darunter jenen Zeitraum, in dem der Organismus die Hälfte des aufgenommenen Stoffes ausscheidet. Aus der biologischen und physikalischen ($T_p$) Halbwertszeit errechnet sich die effektive Halbwertszeit:

$$T_{eff} = \frac{T_b \times T_p}{T_b + T_p}$$

Für einige ausgewählte Radionuklide sind die Zahlenwerte der biologischen und effektiven Halbwertszeit in Anhang 2 zusammengefaßt.

Gemessen an anderen Energieformen ist ionisierende Strahlung bereits in vergleichsweise kleinen Mengen imstande, biologische Effekte auszulösen: Eine akute Ganzkörperbestrahlung mit 800 rad ist für den Menschen tödlich – die gleiche Energiemenge in Form von Wärme (120–140 cal) reicht gerade aus, einen Kaffeelöffel Wasser um 5–10° C bzw. den bestrahlten Organismus um weniger als 0,002° C zu erwärmen.

# 3. Ursprung der Radioaktivität

## 3.1. Natürliche Strahlenumwelt

### 3.1.1. Natürliche Radioaktivität

Die natürliche Radioaktivität besteht aus zwei Komponenten. Die Primärnuklide sind infolge ihrer langen Halbwertszeiten seit Entstehung der Materie nicht vollständig zerfallen. Sekundäre Radionuklide mit kürzeren Halbwertszeiten werden von der Höhenstrahlung in der Atmosphäre laufend erzeugt (siehe Kapitel 3.1.2).

Die Elemente Thorium und Uran haben kein stabiles Isotop; Thorium-232, Uran-238 und Uran-235 sind die Mutternuklide der drei natürlichen Zerfallsreihen (Abb. 7). Zwischen dem Mutternuklid und den radioaktiven Tochterprodukten besteht unter ungestörten Bedingungen das radiochemische Gleichgewicht; d. h. die Menge jedes Tochternuklids ist seiner Halbwertszeit proportional, und jedes einzelne Folgeprodukt der Zerfallsreihe hat die gleiche Zerfallsgeschwindigkeit (Aktivität) wie das Mutternuklid.

Minerale mit einem hohen Gehalt an Uran und Thorium finden sich nur sehr selten direkt an der Erdoberfläche, z. B. in Guarapari in Brasilien und Travancore in Indien. In der indischen Provinz Kerala lagern Schätzungen zufolge sogar drei Viertel der gesamten Thoriumvorkommen der Erde (Hecht 1968). An der brasilianischen Küste finden sich Thorium und Uran neben den Elementen aus der Gruppe der Seltenen Erden in Monazitsanden gebunden (Roser et al. 1964).

Das Edelgas Radon, eines der Tochterprodukte, kann je nach den meteorologischen Verhältnissen zu einem Teil in die Atmosphäre entweichen. Radon-222 hat, verglichen mit den Radonisotopen der anderen Zerfallsreihen, die größte Halbwertszeit (3,8 Tage) und dementsprechend die relativ höchste Emissionsrate. In der Luft bindet es sich rasch an Aerosole (Halik 1971) und kann vom Wind weite Strecken transportiert werden.

In den beiden erwähnten Gebieten ist die Strahlung aus dem

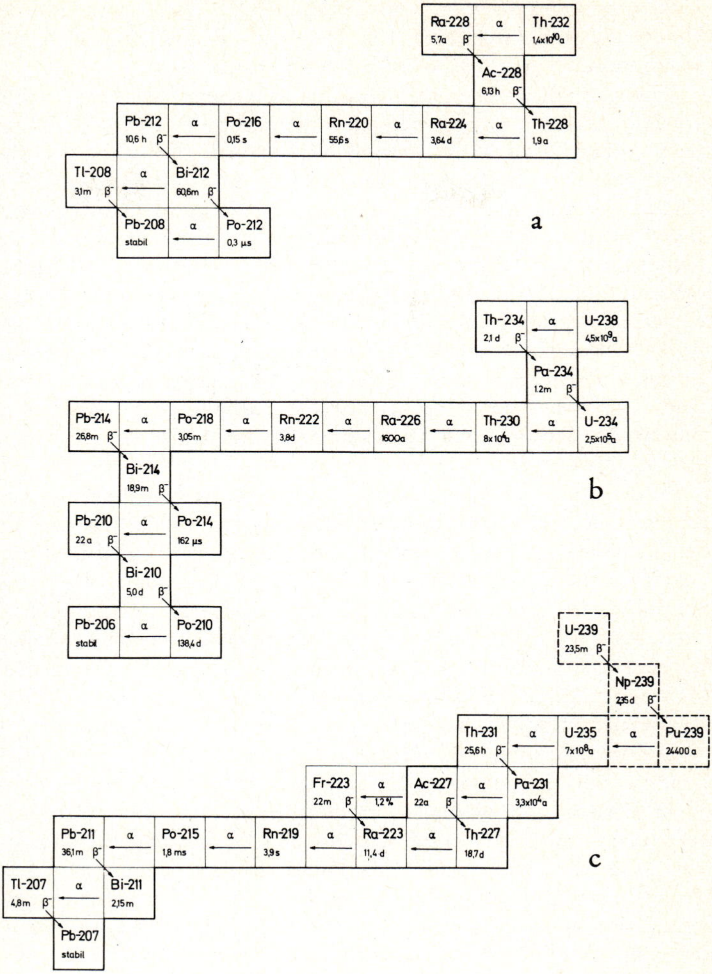


Abb. 7: Natürliche Zerfallsreihen. a. Thorium-Reihe (4 n Serie); b. Uran-Radium-Reihe (4 n + 2 Serie); c. Uran-Actinium-Reihe (4 n + 3 Serie); das bei der Aktivierung von Uran-238 mit Neutronen (z. B. im Kernreaktor) entstehende Uran-239 zerfällt über Neptunium-239 zu Plutonium-239, das mit einer Halbwertszeit von 24 400 Jahren in die natürliche Uran-235-Zerfallsreihe einmündet (strichlierter Bereich). (Daten aus Seelmann-Eggebert et al. 1968).

Untergrund extrem hoch. Von Eisenbud et al. (1964) wurde in der Umgebung von Guarapari 1 m über dem Erdboden eine Strahlungsintensität von 8–10 Röntgen pro Jahr gemessen.

Zahlenangaben über die Strahlenbelastung aus natürlichen Quellen bedürfen jedoch stets einer kritischen Prüfung, da es bereits vorkam, daß Meßwerte, die an unzugänglichen oder entlegenen Stellen gewonnen wurden, als für die nächstgelegene Ortschaft oder das gesamte Landschaftsgebiet allgemeingültig hingestellt wurden. So wird verschiedentlich die Gonadendosis bei Menzenschwand (Schwarzwald) mit 1800 mrem pro Jahr angegeben. Diese Strahlenbelastung ist jedoch nicht, wie man irrigerweise meinen könnte, in dieser kleinen Fremdenverkehrsgemeinde zu verzeichnen. Man müßte sich vielmehr während des ganzen Jahres auf dem Schutt vor zwei entfernt gelegenen Stollen eines längst aufgelassenen Uranbergwerkes aufhalten, das weder in neueren topographischen Spezialkarten verzeichnet ist, noch eine freie Zufahrt hat.

In den tiefen Bodenschichten und geologischen Formationen finden sich uran- und thoriumhaltige Gesteine häufiger als an der Erdoberfläche. Die $\alpha$- und $\beta$-Strahlung vermag jedoch das Gestein nicht zu verlassen bzw. das darüberliegende Erdreich zu durchdringen. Die Gammastrahlung einzelner Folgeprodukte, etwa des Polonium, kann bei einem genügend oberflächennahen Uranerzlager auch auf der Erdoberfläche nachgewiesen werden. Man nutzt diese Strahlung deshalb bei der Suche nach Uranlagerstätten. Das Gestein unterliegt nicht nur in Oberflächennähe, sondern auch in der Tiefe der Erosion, und zwar durch das Grundwasser. In geringem Umfang gehen dabei die Radionuklide in Lösung und werden vom Wasser solange weitertransportiert, bis sie an einer austauschfähigen Gesteinsformation adsorbiert werden. Auch Kohleflöze sind in der Lage, aus dem Grundwasser Uranspuren aufzunehmen. Ein solcher seltener Fall wurde von einer Kohlengrube in den Appalachen bekannt, wo in der Kohle Radiumspuren nachgewiesen wurden (Eisenbud & Petrow 1964).

Der erhöhte Radium- bzw. Radongehalt mancher Quellen ist ebenfalls auf die Erosion unterirdischer Lagerstätten zurückzuführen; in unterirdischen Stollen kommt es zu einer Anreicherung von Radongas. Auf solche Gegebenheiten gründen sich Kurbetriebe wie z. B. Gastein und Marienbad (siehe auch Punkt 3.2.2.2).

Neben den Radionukliden der Zerfallsreihen sind noch weitere chemische Elemente mit radioaktiven Isotopen bekannt, z. B. das Element Kalium mit dem radioaktiven Isotop Kalium-40 und einer spezifischen Aktivität von 830 pCi/g. Mit zunehmender Halbwertszeit wird es immer schwieriger, den radioaktiven Zerfall nachzuweisen.

Kalium-40 hat unter den Primärnukliden besondere biologische Bedeutung. In natürlichem Kalium sind 0,0118 % Kalium-40 enthalten. Das Kalium-40 im menschlichen Körper trägt zur jährlichen Strahlenbelastung ca. 20 mrem bei. Für die meisten Vielzeller gelten Werte von 15–30 mrem/a, bei Mikroorganismen liegt die Strahlenbelastung wesentlich tiefer, da nur größere Organismen die Strahlung des Kalium-40 quantitativ absorbieren. Im Mikroorganismus legen die $\beta$-Teilchen nur eine Weglänge von rund 10 $\mu$m zurück. Der weitaus größere Teil der Strahlungsenergie nach einem radioaktiven Zerfall im Organismus wird nicht innerhalb, sondern außerhalb der Zelle absorbiert.

Das Kalium in den Mineralen und Gesteinen kann die äußere Strahlenbelastung erhöhen, sofern die Vorkommen der Erdoberfläche genügend nahe sind. Besonders hohen Kaliumgehalt haben

Tab. 2: Natürlich radioaktive Inhaltsstoffe im Meerwasser

| Nuklid | Massenkonzentration** [g/l] | Aktivitätskonzentration** [pCi/l] | Gesamtmenge im Ozean [Tonnen] | Gesamtaktivität [Curie] |
|---|---|---|---|---|
| H-3 | $8{,}0 \times 10^{-17}$* | 0,77 | $1{,}5 \times 10^{-3}$ | $1{,}4 \times 10^{7}$ |
| C-14 | $3{,}8 \times 10^{-14}$ | 0,17 | $5{,}4 \times 10$ | $2{,}4 \times 10^{8}$ |
| K-40 | $4{,}5 \times 10^{-5}$ | 315, | $6{,}4 \times 10^{10}$ | $4{,}5 \times 10^{11}$ |
| Rb-87 | $5{,}6 \times 10^{-5}$ | 4,9 | $8{,}0 \times 10^{10}$ | $7{,}0 \times 10^{9}$ |
| Ra-226 | $1{,}0 \times 10^{-13}$*** | 0,1 | $1{,}4 \times 10^{2}$ | $1{,}4 \times 10^{8}$ |
| Th-230 | $5{,}6 \times 10^{-12}$ | 0,11 | $8{,}0 \times 10^{3}$ | $1{,}6 \times 10^{8}$ |
| Th-232 | $1{,}0 \times 10^{-8}$ | 0,001 | $1{,}4 \times 10^{7}$ | $1{,}6 \times 10^{6}$ |
| U-238 | $1{,}7 \times 10^{-6}$ | 0,57 | $2{,}4 \times 10^{9}$ | $8{,}0 \times 10^{8}$ |

* Nur bis 50–100 m Tiefe.
** Durchschnittswerte. Je nach geographischer Lage und Meerestiefe zeigen die Werte mehr oder minder starke Abweichungen.
*** Im radiochemischen Gleichgewicht müßten $5{,}7 \times 10^{-13}$ g Ra/l vorliegen. Die beobachtete Abreicherung ist noch nicht restlos geklärt.

unter anderem der Feldspat mit 14 % und der Kaliglimmer (Muskovit) mit 20 %. Die Dosisleistung an Granitgestein beträgt deshalb bis zu 90 mrem/a, auf Sedimentgestein hingegen nur rund 20–25 mrem/a (Polikarpov 1966 a). Die Strahlung aus dem bzw. im Meer, dessen Aktivität zu rund 98 % vom Kalium-40 stammt, ist mit 0,5–1 mrem/a noch wesentlich geringer (Tab. 2).

Die weiteren Primärnuklide, darunter auch Rubidium-87 sind biologisch nur von untergeordneter Bedeutung, ihre Häufigkeit auf der Erde ist in den meisten Fällen sehr gering.

### 3.1.2. Kosmische Strahlung

Die Höhenstrahlung oder kosmische Strahlung hat ihren Ursprung – sieht man von gelegentlichen Sonneneruptionen ab – größtenteils außerhalb unseres Milchstraßensystems. Die kosmische Primärstrahlung besteht zu ca. 80 % aus Protonen, zu ca. 20 % aus Heliumkernen und zu ungefähr 2 % aus Kernen schwerer Elemente wie z. B. Eisen oder Zink. Die Energie der Teilchen erstreckt sich über einen weiten Bereich von $10^3$–$10^{11}$ MeV. Bei der Wechselwirkung der Höhenstrahlung mit Materie laufen vielfältige Kernreaktionen ab, die in der Kernteilchenphysik große Bedeutung erlangt haben.

Die energiereichen Neutronen der Sekundärstrahlung reagieren in den obersten Schichten der Atmosphäre mit dem Stickstoff (N-14) der Luft, wobei radioaktiver Kohlenstoff (C-14) und Wasserstoff (H-3, Tritium) entstehen. Daneben werden von der Höhenstrahlung noch einige andere Radionuklide mit geringerer biologischer Bedeutung induziert.

Stickstoff-14 + energiereiches Neutron ↗ Kohlenstoff-12 + Tritium

Stickstoff-14 + energiereiches Neutron ↘ Kohlenstoff-14 + Proton (Radiokohlenstoff)

Unter ungestörten Bedingungen besteht zwischen der Bildung dieser Radionuklide und ihrem Zerfall ein Gleichgewicht. So waren z. B. vor Beginn der Kernwaffenversuche auf der ganzen Erde 60 000 kg Radiokohlenstoff vorhanden (Tab. 3). Die exakte Abschätzung der Kohlenstoff-14-Menge in den einzelnen Vorkommen wird durch mangelhafte Alterskenntnisse oder durch ungleichmäßige Verteilung erschwert.

Über ihren Stoffwechsel sind alle Lebewesen in dieses Gleichgewicht mit einbezogen. Der Kohlenstoff in den tierischen Orga-

Tab. 3: Verteilung des Radiokohlenstoffs vor Beginn der Kernwaffenversuche

| Vorkommen | Verteilung (Prozent) nach Fairhall & Young 1970 | nach Ludwieg 1962 |
|---|---|---|
| Atmosphäre (Kohlendioxyd) | 1,90 | 2 |
| Terrestrische Organismen | 0,83 | |
| Humus* | <2,96 | 4 |
| Marine Organismen** | 0,01 | |
| Detritus im Meer | 0,05 | 7 |
| Gelöste organische Stoffe im Meer*** | 1,95 | |
| Anorganischer Kohlenstoff im Meer: | | |
| 0—100 m Tiefe | 2,68 | 2 |
| >100 m Tiefe | 90,0 | 85 |
| Alle Vorkommen | 100,0 | 100 |

nismen hat nahezu die gleiche spezifische Aktivität wie der in den Pflanzen und im Kohlendioxyd der Luft. Trotz der vergleichsweise geringen Zerfallsenergie des Kohlenstoff-14 ($E_{max}$ = 0,157 MeV), ist er wegen seiner langen Halbwertszeit und nicht zuletzt der transmutativen Wirkung (siehe Kapitel 4.4.3.) biologisch besonders bedeutsam. Stirbt das Lebewesen ab, dann ist es an diesem Stoffaustausch nicht mehr beteiligt. Die Aktivität des eingebauten Kohlenstoff-14 sinkt mit einer Halbwertszeit von 5730 Jahren ab, wodurch eine Altersbestimmung möglich ist (Radiokarbonmethode). Mehrere Einflüsse haben in der jüngsten Vergangenheit das Verhältnis zwischen inaktivem und aktivem Kohlenstoff gestört. Im Zuge der Industrialisierung wurden große Mengen fossiler Brennstoffe verheizt. Da sie rund 250 Millionen Jahre alt sind, enthalten sie keinen Radiokohlenstoff mehr und mit den Verbrennungsgasen wurde ausschließlich inaktives Kohlendioxyd in die Atmosphäre abgegeben. Dadurch wurde die spezifische Kohlenstoff-14-Aktivität verringert (Suess-Effekt); in der nördlichen Hemisphäre hat der Gehalt um 4 %, in der südli-

* Das mittlere Alter von Humus ist unbekannt.

** Der Abschätzung wird zugrundegelegt, daß die Biomasse zum weitaus größten Teil aus Plankton besteht.

*** Der Berechnung wurde ein Alter von 800 Jahren zugrundegelegt.

chen um 2,7 % abgenommen, mit ein Zeichen für den unvollständigen Stoffaustausch in der Atmosphäre (Abb. 8, siehe auch Abb. 14 und 16 auf Seite 28 und 30).

Diese Verbrennung ist wahrscheinlich nur geringfügig an der Erhöhung des Kohlendioxydgehaltes der Luft von 0,030 % auf 0,033 % beteiligt. Als Hauptursachen dafür sind die abnehmende Bruttoproduktion der Pflanzen (Verödung der Landschaft, Verölung der Meere usw.) und der Humusverlust auf landwirtschaftlich intensiv bewirtschafteten Böden anzunehmen.

Für die starke Zunahme des Radiokohlenstoffgehalts in pflanzlichen Produkten seit 1953 sind die atmosphärischen Kernwaffenversuche im Verlauf des atomaren Wettrüstens verantwortlich. Ein Maximalwert wurde 1963 verzeichnet – er lag um rund 100 % über dem natürlichen Gleichgewicht (Abb. 8).

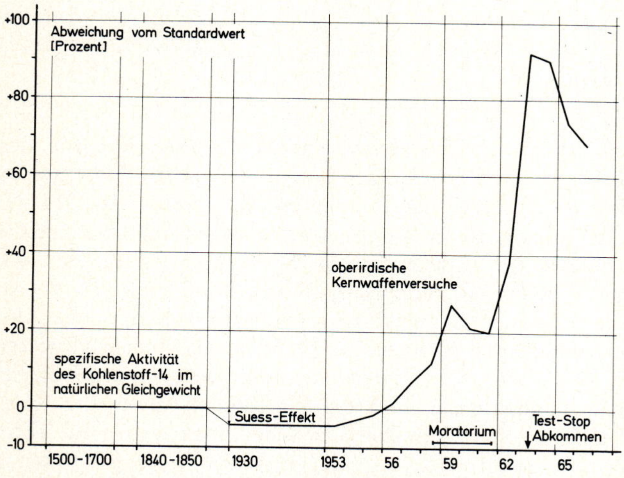


Abb. 8: Veränderung des Radiokohlenstoffgehaltes in biologischem Material durch industrielles Verheizen fossiler Brennstoffe bzw. die oberirdischen Kernwaffenversuchsserien (nach Münnich & Vogel 1958, Willis 1960, L'Orange & Zimen 1969).

Das Tritiuminventar der Erde lag vor den Versuchsserien mit thermonuklearen Waffen bei etlichen Kilogramm. Die Atombombentests haben es auf das Zwanzigfache erhöht – die Tritiumkonzentration in den Oberflächengewässern hat noch eine weitaus größere Steigerung erfahren (Abb. 9). Seit dem Test-Stop-Abkommen geht die Tritiumaktivität langsam zurück.

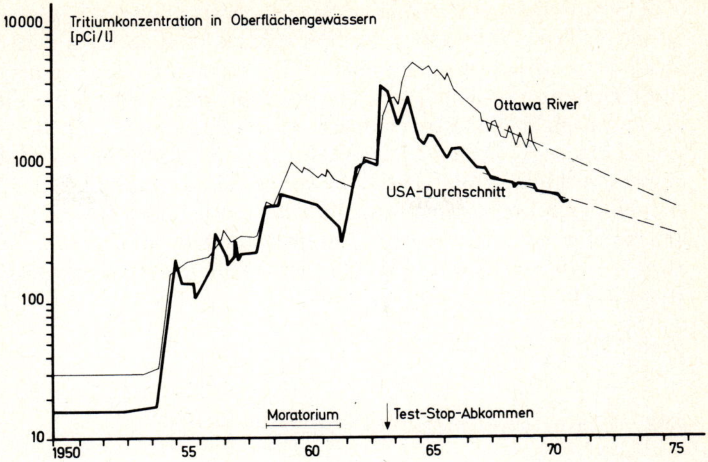


Abb. 9: Erhöhung des Tritiumgehaltes amerikanischer Oberflächengewässer unter dem Einfluß der Kernwaffen-Versuchsserien (nach Hardy 1973).

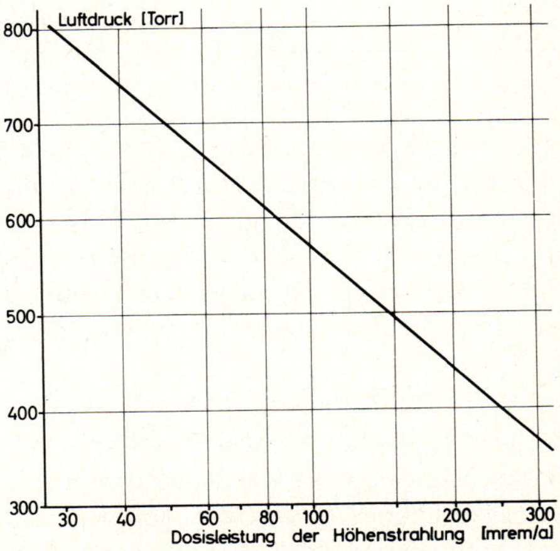


Abb. 10: Die Abschirmung der Höhenstrahlung in der Atmosphäre in Abhängigkeit vom Luftdruck (aus Claus 1958).

Zur mittelbaren Einwirkung der Höhenstrahlung auf die Lebewesen in Form induzierter Radionuklide kommt noch die unmittelbare als elektromagnetische Wellenstrahlung. Sie verursacht auf Meeresniveau eine Dosis von rund 30 mrem pro Jahr; dieser Wert ist nicht konstant sondern schwankt, unter anderem mit dem Luftdruck (Abb. 10). Die Abschirmung der Höhenstrahlung durch die Luft ist beträchtlich. Daraus erklärt sich auch die Zunahme der Strahlungsintensität mit steigender Seehöhe, und zwar um annähernd 1 mrem pro Jahr je 50 m Höhendifferenz, da in diesem Fall die Dicke (Masse) der schützenden Lufthülle abnimmt (Abb. 11).

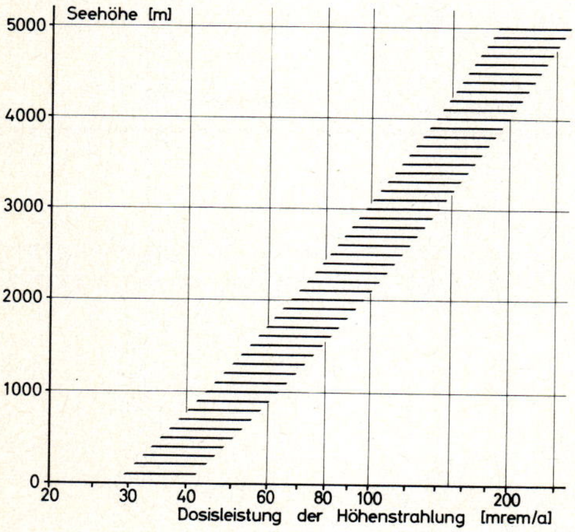


Abb. 11: Zunahme der Höhenstrahlungsintensität mit der Seehöhe (aus Claus 1958).

Stärker noch als Luft schirmt Wasser die Höhenstrahlung ab; bereits 10 m unter dem Wasserspiegel hat sie nur mehr ein Drittel der Anfangsintensität. In den größeren Wassertiefen, speziell im Meer, sind die aquatischen Lebewesen kaum mehr einer Belastung durch die Höhenstrahlung ausgesetzt (Abb. 12). Wenn sie schwimmen, schirmt sie das Wasser auch von der Untergrundstrahlung ab.

Auch boden- oder höhlenbewohnende Organismen haben, infolge ihrer Lebensweise, einen wirksamen Schutz vor der Höhenstrahlung. Für den Menschen ist die Abschirmung durch die Gebäude von Interesse. Dieser Effekt wird unter Umständen durch die Gammastrahlung des Kalium-40 im verwendeten Baustoff wieder aufgehoben; Häuser aus granit- oder feldspatreichem Material («Ritterburgen») zählen jedoch zu den eher seltenen Aus-

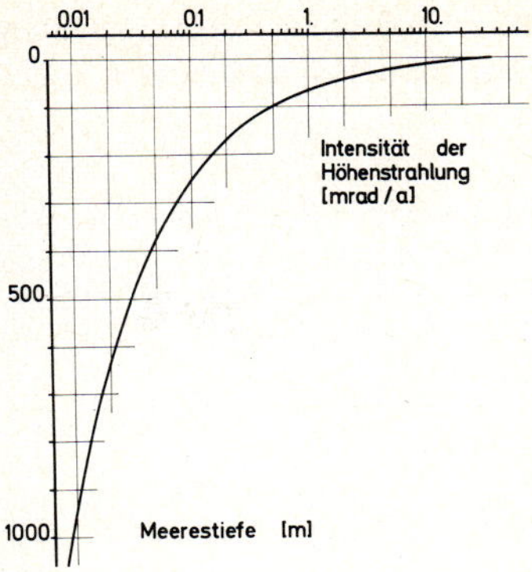


Abb. 12: Abnahme der Dosisleistung der Höhenstrahlung mit der Meerestiefe (nach Folsom & Harley 1957).

nahmen. In Abhängigkeit von der Seehöhe, der Architektur, dem Untergrund usw. läßt sich von Fall zu Fall für das Mauerwerk ein Gehalt an Kalium ermitteln, das durch seine Gammastrahlung die Gebäudeabschirmung gerade aufwiegt – d. h., daß die Strahlenbelastung innerhalb und außerhalb des Gebäudes gleich groß ist. In der Regel dürfte diese Konzentration bei 5–10 % Kalium im Mauerwerk liegen.

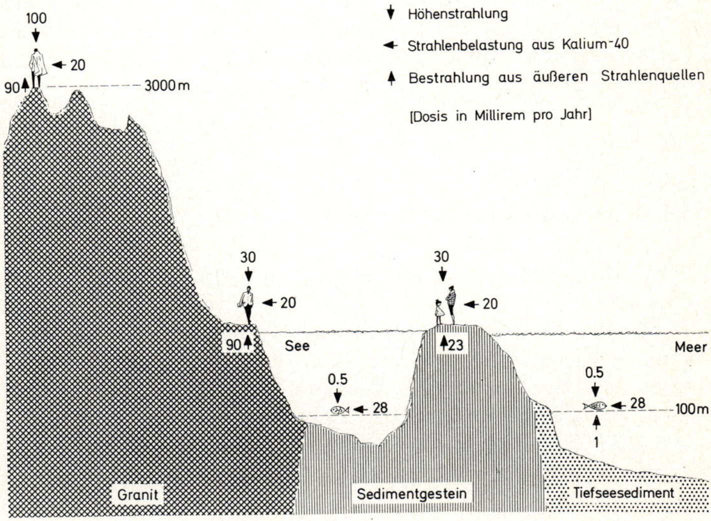


Abb. 13: Quellen der natürlichen Strahlenbelastung (schematisiert).

In Tab. 4 bzw. Abb. 13 sind die verschiedenen Komponenten der natürlichen Strahlenbelastung des Menschen und anderer Lebewesen zusammengefaßt.

Tab. 4: Strahlenbelastung des Menschen aus natürlichen Quellen in Millirem pro Jahr (nach Focke 1959, Libby 1957 und anderen)

| Strahlenquelle | Gesamtkörper | Knochen | Gonaden |
|---|---|---|---|
| äußere Bestrahlung: | | | |
| Höhenstrahlung | 30 | 30 | 30 |
| γ-Strahlung aus der Erde | ~ 45 | ~ 45 | ~ 45 |
| innere Bestrahlung: | | | |
| Kalium-40 | 20 | 12 | 20 |
| Kohlenstoff-14 | 1,02 | 1,02 | 0,7 |
| Radium-226 | 3 | 40 | 0,2 |
| Radon und Zerfallsprodukte | 1,5 | 7 | 1 |

Auf die natürliche Strahlenbelastung wird oft verwiesen, wenn die Emissionen der Kernindustrie diskutiert werden. Es bestehen jedoch schwierig zu quantifizierende qualitative Unterschiede (Zerfallsart, spezifische Aktivität, Bioakkumulation, usf.) zwischen den Ursachen und Folgen der natürlichen und künstlichen Strahlenbelastung. Darüber hinaus bleibt die Schädlichkeit der natürlichen Strahlung (siehe Kap. 4.4.4.) in der Regel unerwähnt.

## 3.2. Künstliche Strahlenumwelt

### 3.2.1. Militärische Anwendung der Kernspaltung

Zu Beginn des zweiten Weltkrieges wurde von einigen Forschern die Kriegswichtigkeit der Kernspaltung klar erkannt. Der Versuch, der ein Übereinkommen unter den Wissenschaflern anstrebte, um die Ausweitung der Forschung und die Weiterverbreitung der Erkenntnisse zu verhindern, ist an den herrschenden Machtstrukturen, Entscheidungskonstellationen und nicht zuletzt an menschlichen Schwächen gescheitert. Vor allem, um einer deutschen Atombombe zuvorzukommen, wurde in den Vereinigten Staaten von Amerika unter ungeheurem Einsatz wissenschaftlich-technischer Kräfte und finanzieller Mittel das «Manhattan-Projekt» in Angriff genommen.

Unter militärischer Leitung wurde konsequent auf die Erzeugung von Atombomben unter gleichzeitiger Förderung aller Möglichkeiten, die zielführend zu sein schienen, hingearbeitet. Es wurden verschiedene Methoden zur Anreicherung des spaltbaren Uran-235 entwickelt. Zur Trennung der Uranisotope 235 und 238 in großem Maßstab hat sich schließlich das Diffussionsverfahren durchgesetzt. Eine solche Anlage mit einer Kaskade von vielen tausend Diffusionszellen wurde in Oak Ridge, Tennessee, errichtet und verbrauchte bei ihrem Betrieb mehr elektrischen Strom als die Stadt Boston. Eigens dafür wurde ein Kraftwerk gebaut mit der für damalige Verhältnisse beispiellosen Leistung von 240 000 Kilowatt (Groueff 1968). Gleichzeitig wurde Plutonium für Bomben in einer Reaktoranlage in Hanford produziert.

Die erste Atombombe enthielt Plutonium-239 und wurde am 16. Juli 1945 in Alamagordo, New Mexico, erfolgreich getestet. Etwa vier Wochen vor diesem Versuch hatten sieben verantwortungsbewußte Forscher (J. Franck, D. Hughes, L. Szilard, T. Hogness, E. Rabinowitch, G. Seaborg und C. J. Nickson) an den Kriegsminister eine Eingabe gerichtet, in der sie vorschlugen, die Atombomben nicht über Städten abzuwerfen, sondern in unbewohntem Gebiet zu demonstrieren. In diesem Schreiben, bekannt als «Frank Report», warnten sie mit erstaunlich genauen Voraussagen vor dem zu erwartenden Rüstungswettrennen. Außerdem wird darin hervorgehoben, daß ein Abwurf von Atombomben auf Städte das für eine wirksame Rüstungskontrolle notwendige Vertrauen der Weltöffentlichkeit in die Vereinigten Staaten erschüttern müßte. Am 6. August 1945 wurde über Hiroshima eine Uran-235-Bombe, drei Tage später über Nagasaki eine Plutonium-239-Bombe abgeworfen. In den folgenden Jahren kam es zu der vorausgesagten Eskalation der Rüstungsindustrie.

Die Anlagen zur Plutoniumerzeugung und -verarbeitung wurden weiter ausgebaut und eine Reihe von Unfällen, die ausgedehnte radioaktive Verseuchungen zur Folge hatten, zeigten deutlich, daß auch in diesem komplexen Bereich nur aus der Erfahrung gelernt werden kann. Die schwierige Plutoniumtechnologie hatte – nicht nur in ihren Anfangsstadien – mit einer Reihe überraschender Eigenschaften dieses neuen Materials zu kämpfen. So erschwert z. B. seine Selbstentzündlichkeit die mechanische Verarbeitung, da die Späne sich an der Luft mit einer Oxydhaut überziehen, sich erhitzen und, wie die Praxis häufig gezeigt hat, in Brand geraten können. Dabei entstehen weiße rauchförmige Plutoniumoxydaerosole, die sich in der Atmosphäre verbreiten und wegen der hohen Radiotoxizität biologisch besonders bedenklich sind (siehe Kapitel 4.4.3).

Da die Abtrennung des spaltbaren Plutoniums aus bestrahlten Brennelementen weitaus geringeren technischen Aufwand benötigt als die Trennung der Uran-Isotope, wurde die Plutoniumerzeugung stark ausgebaut. Von der Anlage in Rocky Flats, Colorado, in der Plutoniumteile für Atombomben hergestellt wurden, sind wiederholt Plutoniumbrände bekanntgeworden. Das Großfeuer vom 11. Mai 1969 entstand in einem Lagerraum, wo Plutoniumbriketts und loses Abfallmaterial in offenen Kästen aufbewahrt wurden. Der Brand verursachte in der Anlage einen Schaden von ca. 45 Millionen Dollar. Während die AEC behauptet hatte, es wäre kein Plutonium aus den Kontrollbereichen in Freiheit gelangt, hat eine Forschergruppe eine beträchtliche Plutoniumkontamination der Pflanzen und des Bodens, auch in der weiteren Umgebung, festgestellt (Gofman 1972).

Nicht nur im Zusammenhang mit der Erzeugung von Atombomben, sondern auch bei deren Transport während strategischer Missionen kam es zu unkontrollierter Verbreitung von Plutonium. Das meiste Aufsehen erregte der Unfall bei Palomares an der spanischen Ostküste. Am 17. Januar 1966 sind während des Wiederauftankens in 10000 m Höhe zwei Flugzeuge der US-Airforce zusammengestoßen, wobei vier thermonukleare Sprengkörper verlorengegangen sind. Der Aufprall hat bei zwei Bomben die Explosion eines Teils der konventionellen Sprengsätze ausgelöst, das fein verteilt freigesetzte Plutoniummetall verbrannte sofort. Dadurch sind rund 2,3 Millionen Quadratmeter Kulturland radioaktiv verseucht worden. Nach oberflächlicher Dekontamination wurde die verbleibende radioaktive Verseuchung stellenweise durch Tiefpflügen (35 cm) «beseitigt» (Iranzo et al. 1973). Die dritte Bombe konnte ebenfalls an Land gefunden werden. Achtzig Tage lang haben 2000 Mann Spezialpersonal des «Joint Nuclear Accident Coordinating Center» mit erheblichem technischen Aufwand das Meer nach der vierten Bombe abgesucht. Sie wurde schließlich nach mehreren Zwischenfällen aus 840 m Tiefe geborgen. Um die Erregung der Öffentlichkeit während dieser Suchaktion zu dämpfen, haben der amerikanische Botschafter in Spanien und spanische Politiker an der Küste des Unfallgebietes ein «Schaubaden» veranstaltet (Lerider 1968, Lewis 1967).

Bei der Explosion einer Atombombe läuft in dem spaltbaren Material eine ungesteuerte Kettenreaktion ab. Durch den Einfang eines Neutrons wird u. a. bei Uran-235 und Plutonium-239 der Spaltvorgang ausgelöst. Dabei entstehen zwei Kerne mit etwa der halben Masse, die Elementen in der Mitte des Periodensystems zuzuordnen sind. Außerdem werden zwei bis drei Neutronen freigesetzt, die ihrerseits in der Lage sind, weitere Kernspaltungen auszulösen und so die Kettenreaktion aufrechtzuerhalten. Damit eine sich selbst erhaltende Kettenreaktion eintritt, ist eine Mindestmenge spaltbaren Materials, die kritische Masse, notwendig. Diese Mindestmenge ist von der geometrischen Anordnung und dem Zusammenwirken mit anderen Materialien, z. B. Neutronenreflektoren, abhängig. Die kritische Masse von reinem Uran-235 liegt bei rund 50 kg (das entspricht einer Kugel mit einem Radius von ca. 8,4 cm), diejenige von Plutonium-239 bei etwa 5–10 kg (Kugelradius 4–5 cm).

Die Endprodukte der Kernspaltung haben gegenüber den Anfangsprodukten eine um ca. 0,1 % geringere Masse; der Differenzbetrag wurde in Energie umgewandelt und findet sich primär als Bewegungsenergie der Spaltproduktkerne, nach ihrem Abbremsen als Wärme (Tab. 5).

Tab. 5: Aufgliederung der Spaltenergie nach ihren Komponenten

| | |
|---|---|
| Kinetische Energie der Spaltprodukte | 167 MeV |
| Kinetische Energie der Spaltneutronen | 5 MeV |
| Prompte Gammastrahlung | 6 MeV |
| Betastrahlung aus Spaltprodukten | 8 MeV |
| Gammastrahlung aus Spaltprodukten | 6 MeV |
| Neutrinos | 12 MeV |
| Summe | 204 MeV |

Uran-235 entwickelt bei der Spaltung eine Sprengkraft wie eine 20-millionenfache Menge von Trinitrotoluol (1 kg TNT hat ein Energieäquivalent von 1000 Kilokalorien). Die Spaltprodukte sind stark radioaktiv; eine Stunde nach der Explosion einer 10 Megatonnen Spaltungsbombe ist die Radioaktivität der Spaltprodukte $4{,}5 \times 10^{12}$ Ci und klingt im Laufe des ersten Tages auf $1{,}6 \times 10^{11}$ Ci ab (Hunter & Ballou 1951). Ein Großteil der Spaltprodukte liegt in Form radioaktiver Aerosole vor, die von den Luftströmungen weltweit verbreitet werden. Abb. 14 zeigt, daß zwi-

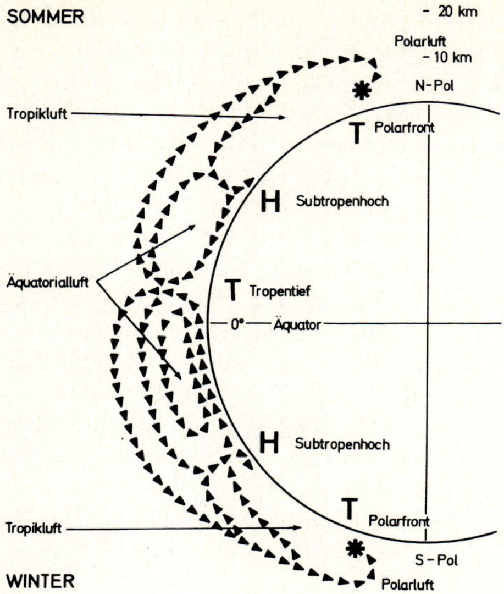


Abb. 14: Atmosphärische Strömungsverhältnisse auf der nördlichen und südlichen Hemisphäre.

schen den Luftströmungen der nördlichen und südlichen Hemisphäre keine direkte Verbindung besteht. Die Spaltprodukte verweilen in der Stratosphäre mit einer Halbwertszeit von bis zu 15 Jahren. In den tieferen Luftschichten bilden die aktiven Teilchen Kondensationskeime und werden so bevorzugt mit den Niederschlägen ausgewaschen (rainout). Die pro Flächeneinheit abgelagerte Aktivität der langlebigen Falloutnuklide Strontium-90 bzw. Caesium-137 und die Niederschlagsmenge über solchen Gebieten sind weitgehend proportional (Abb. 15). Zwischen der Fallout-Aktivität und der geographischen Breite besteht ebenfalls eine starke Abhängigkeit (Abb. 16). Die geographische Breite des Fallout-Maximums stimmt mit der Lage der größeren Testgelände und den Luftströmungen überein.

Nach den Bomben auf Spaltungsbasis wurden thermonukleare Sprengkörper entwickelt und getestet. Die Kernverschmelzung in dem aus Lithium-6-Deuterid bestehenden Teil der Wasserstoffbomben wird mit konventionellen Uran-235- bzw. Plutonium-Sprengsätzen ausgelöst. Bei der Kernverschmelzung entstehen

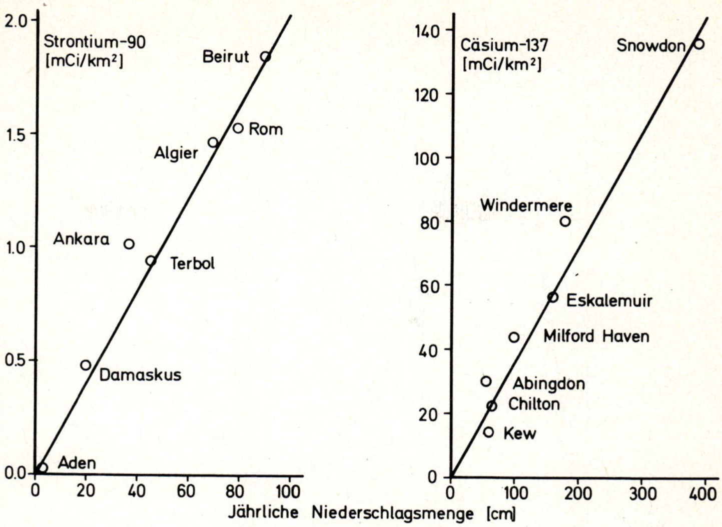


Abb. 15: Kontamination der Erdoberfläche durch Fallout-Radionuklide in Abhängigkeit von der Niederschlagsmenge (nach Libby 1957, Peirson & Salmon 1959).

zwar keine Spaltprodukte, die schnellen Neutronen der Fusionsreaktion erzeugen jedoch aus dem atmosphärischen Stickstoff große Mengen Radiokohlenstoff und Tritium.

Die Weiterentwicklung auf dem Rüstungssektor hat zum Bau der sogenannten Superbomben geführt. Das nur mit schnellen Neutronen spaltbare Uran-238 umgibt als Mantel eine Wasserstoffbombe und vervielfacht sowohl ihre Sprengkraft als auch den Ausstoß an radioaktiven Stoffen (Abb. 17).

Bis 1962 wurden Atombomben von insgesamt 511 Megatonnen TNT-Sprengäquivalent getestet; da rund 200 Megatonnen Sprengäquivalent auf Spaltung zurückzuführen sind, ergibt das eine Freisetzung von 10 000 kg Spaltprodukten. Zu diesen Spaltprodukten kommen noch Tritium und Kohlenstoff-14. Die schnellen Neutronen sowohl der Atom- und auch der Wasserstoffbomben erzeugen pro Megatonne Sprengkraft etwa 7,2 kg bzw. 32 000 Ci Radiokohlenstoff. Seine Schadwirkung erstreckt sich über viele Generationen. Nach Pauling (1958) verursachen Bombenversuche im Umfang von 30 Megatonnen insgesamt die Geburt von 230 000 Kindern mit schweren körperlichen Gebrechen und gei-

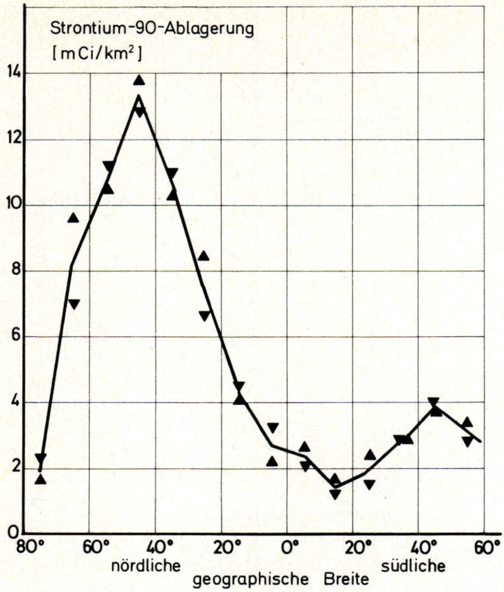


Abb. 16: Strontium-90-Kontamination in verschiedenen geographischen Breitelagen (▲ Langham & Anderson 1959, ▼ Machta 1959).

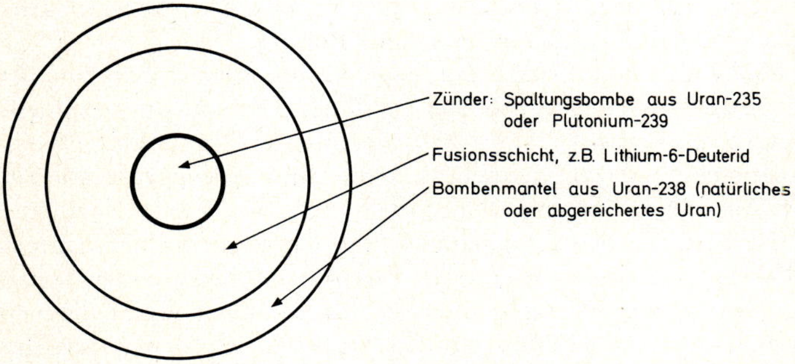


Abb. 17: Schematischer Aufbau einer Dreiphasenbombe («Superbombe»). (Nach Ginsburg 1965).

stigen Defekten (einschließlich Totgeburten und Todesfälle im Kindesalter) und außerdem 420 000 Todesfälle von Embryonen und Neugeborenen. Im Hinblick auf die Folgen für Leben und Gesundheit nicht nur der heute lebenden Menschen, sondern auch der kommenden Generationen wurde die Einstellung der Atombombenversuche gefordert.

Im Jahr 1958 wurde dem damaligen UNO-Generalsekretär Dag Hammarskjöld ein Memorandum überreicht, das Linus Pauling verfaßt hatte und das 9235 Naturwissenschaftler (darunter 36 Nobelpreisträger) aus 44 Ländern unterzeichnet hatten. Der weite Widerhall nicht nur unter den Wissenschaftlern, sondern auch bei der betroffenen Weltbevölkerung hat maßgeblich zur Verwirklichung des 1962 unterzeichneten Atombomben-Test-Stop-Abkommens beigetragen, dem sich bedauerlicherweise noch immer nicht alle Atomwaffen besitzenden Staaten angeschlossen haben. In Anerkennung seiner Leistung wurde Linus Pauling 1962 mit dem Friedensnobelpreis ausgezeichnet.

Seither ist die Umweltradioaktivität aus den Bombentests im gesamten gesehen im Abnehmen begriffen. Trotzdem dringen noch immer aus der Stratosphäre Falloutnuklide in die Biosphäre ein und kontaminieren einesteils die terrestrischen, zum größeren Teil jedoch die marinen Lebensräume.

Nicht zu vernachlässigen ist die radioaktive Verseuchung der Weltmeere durch die wachsende Flotte der atomgetriebenen Unterseeboote und Kriegsschiffe. Schätzungen zufolge entlassen sie jährlich mit dem Kühlwasser folgende Aktivitäten ins Meer:

| | |
|---|---|
| flüssige Abfälle | ~ 5 000 Ci |
| Leckagen | ~ 3 400 Ci |
| aus Ionenaustauschern | ~ 1 000 000 Ci |

Die Brennelemente eines 60 MW Schiffsreaktors haben nach einer einjährigen Betriebszeit eine Aktivität von 10 Milliarden Curie. Die Folgen eines Schiffsunglücks können nicht leicht überschätzt werden: nach dem Sinken korrodieren im Salzwasser die Reaktorhüllen und die gesamten Spaltprodukte werden in das Meer abgegeben. 1963 versank im Atlantik das damals größte Atomunterseeboot *Tresher*, und alle Anstrengungen, es wieder zu finden, blieben erfolglos. Im nuklearen Antriebssystem war eine Aktivität in der Größenordnung von 1 Million Curie eingeschlossen. Um diese Aktivität auf $10^{-12}$ bis $10^{-10}$ Curie pro Liter zu verdünnen, sind $10^{15}$ bzw. $10^{13}$ Kubikmeter Wasser erforderlich, das entspricht dem zweifachen Volumen des Schwarzen Meeres bzw. der Irischen See (Polikarpov 1966 a). Seither sind wiederholt auch größere Atomunterseeboote gesunken. Ihre nuklearen Raketenwaffen bedrohen die Weltmeere auf zweifache

Weise: entweder durch die Explosion der Sprengköpfe oder langfristig durch die Freisetzung des darin befindlichen Spaltstoffes – in der Regel Plutonium.

Das Meer ist aber auch von unterirdischen und marinen Kernwaffentests gefährdet. Sie wurden seit 1962 weiter ausgeführt – trotz diplomatischer Proteste und Konsequenzen und entgegen der Entscheidung internationaler Gerichte.

Viele Untersuchungsergebnisse und technische Entwicklungen nuklearer Art wurden und werden wegen ihrer Kriegswichtigkeit geheimgehalten. Die gleichen Methoden der Geheimhaltung wurden aber auch angewendet, um drohende oder bestehende Gefahren nicht öffentlich bekannt werden zu lassen. So hat es sieben Jahre gedauert, bis die Daten über die 1951 von Paas & Thomas auf Pflanzen gefundenen «hot particles» (heiße Teilchen) veröffentlicht wurden, nachdem sie – unabhängig davon – auch in anderen Ländern festgestellt worden waren. Die «hot particles» sind Spaltproduktteilchen mit intensiver $\beta$-Aktivität. Sie sind bei den atmosphärischen Atombombentests in großer Menge entstanden und werden – ähnlich wie die erwähnten Plutoniumoxyd-Aerosole – in der Lunge zurückgehalten (Rajewsky et al. 1962).

Die von Larson und Mitarbeitern 1951 in Bodenproben, Pflanzen und Nagetieren als Folgen des ersten Atombombentests (1945 in Alamagordo) bis in 100 km Entfernung nachgewiesene Plutoniumverseuchung wurde erst nach acht Jahren Geheimhaltung veröffentlicht.

Aus einem Bericht, der 1960 von H. Knapp, einem Angestellten der Abteilung Biologie und Medizin der USAEC* verfaßt wurde, geht hervor, daß Fallout in Utah erhebliche Schilddrüsenbelastungen durch Jod-131 zur Folge hatte (bei Kindern bis 120–440 rad). Diese alarmierende Meldung kam der AEC in ihrer Absicht, die Gesundheitsschäden durch die Bombentests zu leugnen, äußerst ungelegen. Sie wurde deshalb so lange zurückgehalten, bis während des 1963 abgehaltenen Joint Committee Hearings offenkundig

---

* Gegen die amerikanische Atomenergiekommission, deren Aufgaben in der Entwicklung der verschiedensten Kernenergieprogramme einerseits und dem Schutz der Bevölkerung vor den Folgen dieser Programme andererseits bestand, wurde Anfang der 70er Jahre mit Recht der Vorwurf erhoben, sie könne dieser Doppelfunktion nicht gerecht werden. Mit Wirkung von Januar 1975 erfolgte eine Aufspaltung der USAEC in die Energy Research and Development Administration (ERDA) und die Nuclear Regulatory Commission (NRC).

wurde, daß bereits andere, unabhängige Wissenschafter ähnliche Ergebnisse erhalten hatten (Sternglass 1972 b).

Die starke Anreicherung von Radionukliden aus der Hanfordanlage in Biozönosen des Columbia River wurde bis 1957 fünf Jahre lang geheimgehalten. Nachdem in der Oak Ridge Anlage bei einem Rohrbruch Spaltproduktlösungen im Boden versickerten, waren an dieser Stelle, die man oberflächlich mit Sand bedeckt hatte, im Jahre darauf Strontium-90-kontaminierte Disteln gewachsen. Die Untersuchung dieser Folgen wurde ebenfalls erst fünf Jahre später freigegeben (Ludwieg 1962).

Diese Praktiken der militärischen Geheimhaltung wurden von der USAEC in den Bereich der friedlichen Anwendung der Kernspaltung übernommen.

**Das nukleare Wettrüsten der Supermächte hat zu einem Arsenal von Massenvernichtungsmitteln – die die Bezeichnung «Waffen» nicht mehr verdienen – geführt, die ausreichen, um die Erde in einen menschenleeren Planeten zu verwandeln. Gemessen an den Schäden der unbeteiligten Weltbevölkerung nach einer nuklearen Auseinandersetzung wird es unbedeutend sein, welche der beteiligten Mächte mehr und welche weniger verloren haben wird. Dieses «Gleichgewicht des Schreckens» wird durch das Hinzukommen weiterer Nuklearmächte keineswegs stabilisiert.**

Die biologischen Folgen einer weltweiten radioaktiven Verseuchung lassen eine moralische Rechtfertigung selbst eines Krieges zur Verteidigung – welchen Systems auch immer – nicht zu. Trotzdem wird das Wettrüsten offen und versteckt, teils zur Ablenkung von inneren Schwierigkeiten, fortgesetzt. Diejenigen Interessensgruppen aus Industrie, Wirtschaft und Politik, die schon bisher im Hintergrund maßgeblich an der Vorbereitung und Führung von Kriegen beteiligt waren, halten sich heute an der Eskalation einer kostspieligen Nuklearrüstung schadlos.

Dieser militärische Anachronismus wird durch gezielte Manipulation zum zentralen Thema erhoben und damit die Bevölkerung von den sozialen und ökologischen Menschheitsproblemen abgelenkt.

**Die technischen Entwicklungen im Rüstungswettrennen und die weltweite Verbreitung der Kernindustrie erhöhen fortlaufend die Wahrscheinlichkeit eines globalen Atomkrieges (Barnaby 1977). Es wird offenkundig, daß Frieden eines jener Probleme ist, die *nicht technisch* zu lösen sind. Bereits die Existenz von Atombomben zerstört die Vertrauensbasis zwischen den Völkern – die unabdingbare Voraussetzung des Friedens. Der englische Physiker**

Blackett* formuliert dies so: «Wenn einmal eine Nation ihre Sicherheit auf eine absolute Waffe, die Atombombe, stützt, wird es psychologisch notwendig, an einen absoluten Feind zu glauben». Die unversöhnlichen Feindbilder, die mit großem Propagandaaufwand geschaffen und aufrechterhalten werden, haben bisher substantielle Friedensbestrebungen zunichte gemacht.

«Es hängt von uns ab, von jedem einzelnen Staatsbürger in allen Ländern der Erde, daß dem herrschenden Unsinn ein Ende gemacht wird. Heute sind es nicht mehr die Cholera- oder Pestbazillen, die uns bedrohen, sondern das traditionelle zynische Denken der Politiker, die Stumpfheit der Massen und das Ausweichen der Physiker und anderer Wissenschaftler vor der Verantwortung.

Wir alle müssen kämpfen gegen offizielle Lügen und Übergriffe: gegen die Behauptung, es gäbe einen Schutz gegen Kernwaffen durch Bunker und Notverordnungen; kämpfen gegen die Unterdrückung derer, die die Bevölkerung hierüber aufklären; gegen engherzigen Nationalismus, Glorie, Großmannsucht; und vor allem gegen die Ideologen, die Unfehlbarkeit ihrer Lehre beanspruchen und die Welt in unversöhnliche Lager trennen.

Es gibt noch eine Hoffnung, aber sie wird sich nur erfüllen, wenn wir alles einsetzen für den Kampf gegen die Krankheiten unserer Zeit (Born 1965, S. 204).

Die Macht des eigengesetzlich agierenden militärisch-industriellen Komplexes kann nur von einer breiten Basisbewegung der Bevölkerung überwunden werden, wie sie sich in der Opposition gegen die Atomkraftwerke formiert. Die dabei entwickelten und verbreiteten gewaltfreien Methoden bilden eine aussichtsreiche Alternative zum Militarismus (z. B. Ebert 1976).»

### 3.2.2. Zivile** Anwendung der Kernspaltung

1955 wurde vom damaligen Präsidenten der Vereinigten Staaten, Eisenhower, die erste internationale Atomkonferenz zur friedlichen Nutzung der Kernenergie angeregt. Durch die programmatische Zielsetzung «atoms for peace» wurde die Genfer

* Zitiert nach Born (1965, S. 152).

** Eine klare Grenze zwischen ziviler und militärischer Kernindustrie kann nicht gezogen werden. Alfvén (1974) hat diese beiden Bereiche treffend als «siamesische Zwillinge» bezeichnet.

Atomkonferenz zu einer vordergründigen Friedenskundgebung gemacht – ausgerichtet auf die breite Anwendung der Kerntechnik in Industrie, Forschung und anderen Bereichen – ohne jedoch die nukleare Konfrontation zu entschärfen. Die Interessenten an dieser Entwicklung waren von Anfang an bestrebt, jede kritische Auseinandersetzung zu paralysieren, die die Ausweitung der Kerntechnik in Frage stellen könnte. So wurde zum Beispiel der Nobelpreisträger H. J. Muller, Wegbereiter der Strahlengenetik und prominentester Vertreter der amerikanischen Abordnung in Genf, daran gehindert, sein Referat über die genetische Wirkung ionisierender Strahlung vorzutragen*. Die Beibehaltung dieser Grundeinstellung ermöglichte – zunächst reibungsfrei – Anwendung und Ausweitung der Kernindustrie.

In der Folge wurden unter Verweis auf eine mögliche Kommerzialisierung vielfältige nukleare Techniken entwickelt und ausgebaut. Im Prinzip werden die nachstehenden Verfahren angewandt:
- die ungesteuerte Kettenreaktion der nuklearen Sprengungen für friedliche Zwecke (siehe Plowshare-Programm),
- die gesteuerte Kettenreaktion in Reaktoren zur Wärmeerzeugung und als Neutronenquelle,
- die Anwendung der Strahlung aus geschlossenen Quellen mit künstlichen Radionukliden,
- direkte Verwendung künstlich radioaktiver Substanzen, zum Beispiel zur Markierung inaktiver Stoffe («offene Strahlenquellen»).

Diese Methoden werden verschiedentlich in einzelnen Wirtschaftssparten und Forschungszweigen angewandt. Die im folgenden gegebene Übersicht kann naturgemäß keinen Anspruch auf Vollständigkeit erheben, sondern soll paradigmatisch die häufigeren oder interessanten Einsatzfälle anführen, die nicht selten mit Fragen der Umwelthygiene in enger Wechselbeziehung stehen. Die relevante Radioaktivitätsproblematik erwächst – direkt oder indirekt – aus der Kernenergieproduktion und dem Brennstoffzyklus, der in Kapitel 3.2.3 behandelt wird.

---

* Das vom Vortrag ausgeschlossene Referat ist aber in die Berichte der Konferenz aufgenommen worden und außerdem im Bulletin of the Atomic Scientists erschienen. (MULLER, 1955)

### 3.2.2.1. *Forschung*

Zur Untersuchung von Kernprozessen werden außer Teilchenbeschleunigern noch Forschungsreaktoren eingesetzt. In den Beschleunigern wird die kinetische Energie geladener Teilchen, z. B. Kernen oder Kernbausteinen, so stark erhöht, daß sie zu mannigfaltigen Kernreaktionen befähigt sind. Daraus können Erkenntnisse über den Aufbau und die Eigenschaften der Materie gewonnen werden. Bei diesen Kernreaktionen entstehen unter Umständen auch radioaktive Nuklide.

Zur Produktion von Neutronen war man am Anfang der Kernforschung auf Quellen mit natürlichen Radionukliden angewiesen, z. B. Radium-226/Beryllium-Quellen mit einer Stärke von rund $10^8$ Neutronen pro Sekunde. Die Kernreaktoren sind heute weit intensivere Neutronenquellen; der Neutronenfluß im Reaktorcore kann $10^{15}$ Neutronen pro Quadratzentimeter und Sekunde erreichen und überschreiten. Sie waren die Voraussetzung für neutronenphysikalische Untersuchungen großen Umfangs. Außerdem werden in vielen stabilen Elementen durch die Bestrahlung mit Reaktorneutronen radioaktive Isotope induziert (Neutronenaktivierung). Durch sie und eine entsprechende Nachweis- und Meßtechnik wird die Klärung einzelner Fragen in der chemischen und biologischen Forschung erleichtert oder überhaupt erst möglich.

Zur Spurenanalyse beispielsweise wird das Probenmaterial im Reaktor bestrahlt und von der Energie und der Intensität der dabei induzierten Gammastrahlung auf die Anwesenheit und Menge gewisser Elemente geschlossen. Neutronenaktivierte Stoffe werden auch als Tracer verwendet, um in abiotischen und biologischen Systemen Verteilungsprozesse zu erkunden. Da mit adäquaten Instrumenten auch geringe Mengen radioaktiver Stoffe nachweisbar sind, können im biologischen und chemischen Bereich Einblicke in die Reaktionsmechanismen und Stoffwechselkreisläufe gewonnen werden, und es ist sogar möglich, den Einbau einzelner aktiver Atome (z. B. von Kohlenstoff-14, Tritium, Phosphor-32 usw.) bis in die Bestandteile der Zellen zu verfolgen.

Das Studium der Anreicherung künstlicher Radionuklide speziell von Spaltprodukten in den Organismen und ihre Verteilung in den Nahrungsnetzen (näheres Kapitel 4.4.2) steht mit den Traceruntersuchungen in enger Beziehung.

So bedeutend Forschungsreaktoren und künstliche Radionuklide in der Wissenschaft auch sind, wegen ihrer vergleichsweise geringen Aktivitätsmengen sind sie als Umweltfaktor für die weiteren Betrachtungen in der Regel von sekundärer Bedeutung.

### *3.2.2.2. Medizin*

In der menschlichen Zivilisation ist die medizinische Strahlenbelastung in Diagnostik und Therapie ein nicht vernachlässigbarer Faktor, die genetisch wirksame Komponente wird auf durchschnittlich 10–50 Millirem pro Jahr geschätzt. Auch im medizinischen Bereich ist zwischen Strahlen- und Isotopenanwendung zu unterscheiden. Die Diagnostik bedient sich in erster Linie der Röntgenstrahlung, je nach dem untersuchten Organ und der gewählten Methode ist die Strahlenbelastung stark unterschiedlich; die jeweiligen Gonadendosen sind in Tabelle 6 zusammengefaßt. Die Streustrahlung im Organismus bzw. von der Bestrahlungsanlage trägt insbesondere bei alten Apparaturen zu einer unerwünschten Zusatzbelastung bei.

In der Röntgen- und Strahlentherapie werden an den Krankheitsherden örtlich sehr hohe Dosen appliziert. Viele von der Strahlung hervorgerufene Zellschäden wirken sich erst während des Zellteilungsvorganges aus (siehe Kapitel 4.3 und folgende). Krebsgeschwülste als teilungsaktive Gewebe sind deshalb besonders strahlenempfindlich und werden bei einer Strahlenbehandlung nachhaltiger geschädigt als das gesunde Gewebe, dessen Belastung durch Bestrahlung des Geschwürs aus verschiedenen Richtungen möglichst niedrig gehalten wird. Selbstverständlich wirkt auch die therapeutische Bestrahlung karzinogen, die Erhöhung des Krebsrisikos nach Ablauf einer mehrjährigen Latenzzeit ist jedoch in diesen speziellen Fällen zu verantworten, wenn mit der Behandlung die bestehende Krebsgeschwulst in ihrem Wachstum gehemmt und damit eine lebensverlängernde Wirkung erzielt wird.

Einen interessanten Zusammenhang zwischen Tuberkulose und Lungenkrebs beschreibt Steinitz (1965). Während aus der älteren medizinischen Literatur hervorgeht, daß Tuberkulose und Lungenkrebs einander in der Regel ausschließen, hat diese Erhebung gezeigt, daß das Risiko von Tuberkulosepatienten, später an Lungenkrebs zu erkranken, 5–10mal höher als im Durchschnitt ist. Parallel dazu ist eine Veränderung in der Therapie festzustellen, in der – im Gegensatz zu früher – die Patienten zur Untersuchung zahlreichen Durchleuchtungen unterworfen werden.

Tab. 6: Mittlere Strahlendosis an den Keimdrüsen bei Röntgen-Untersuchungen (Seelentag 1973)

| Untersuchte Körperregionen | Mittlere Gonadendosen in mrad Männer Median | Bereich* | Frauen Median | Bereich* |
|---|---|---|---|---|
| Magen-Breipassage | 30 | (5— 230) | 340 | (60— 830) |
| i.v. Nieren-Untersuchungen | 430 | (15—2090) | 590 | (270—1160) |
| retrograde Nieren-Untersuchung | 580 | (150—2090) | 520 | (85—1390) |
| Abdomen | 250 | (12— 480) | 210 | (57— 790) |
| Dickdarm-Kontrasteinlauf | 300 | (95—1590) | 870 | (460—1750) |
| Becken | 300 | (100—1020) | 230 | (40— 710) |
| Lendenwirbelsäule | 210 | (26—2270) | 410 | (230—1190) |
| Kreuzbein | 300 | (65—2019) | 340 | (73—1780) |
| oberes Oberschenkel-Drittel | 900 | (230—1710) | 240 | (58— 680) |
| Pelvimetrie (Beckenmessung) | — | — | 620 | (230—1600) |
| Eileiter-Untersuchung | — | — | 1270 | (275—2700) |
| Gallenblase | 8 | (1,3— 39) | 120 | (14— 380) |
| unterer + mittlerer Oberschenkel | 92 | (1,1— 290) | 1 | (1— 13) |
| Thorax-Reihenuntersuchungen | 0,4 | (0,2— 1,3) | 3 | (0,9— 11) |
| Herz, Lunge, Thorax | 0,7 | (0,1— 13) | 2 | (0,2— 8) |
| Kopf | <10 | | <10 | |
| Zähne | 0,6 | (0,5— 0,7) | 0,06 | (0,03— 0,1) |
| Extremitäten | <10 | | <10 | |
| Mammographie (Brustdrüse) | — | — | <10 | |

* der in der Literatur angegebenen Mittelwerte. Der in Klammern angegebene Bereich gilt für Mittelwerte aus mehr oder weniger zahlreichen Messungen; einzelne Meßwerte streuen noch wesentlich mehr; so sind z. B. bei Lungenuntersuchungen Einzel-Meßwerte von 0,01—13 mrad festgestellt worden.

Die damit verbundene Strahlenbelastung erklärt das erhöhte Krebsrisiko (Gofman & Tamplin 1970 a). Zur therapeutischen Behandlung werden außerdem Gamma-Strahlung von Cobalt-60-Quellen und energiereiche Elektronen aus dem Betatron angewandt.

Neben der Bestrahlung von Geschwülsten wurde ionisierende Strahlung früher in großem Umfang zur Therapie verschiedenster Krankheiten angewendet. Beispielsweise war es üblich, ankylosierende Spondilitis (Morbus Bechterew), eine Form der Arthritis in der Wirbelsäule, mit Röntgenstrahlung zu behandeln. Zusätzlich wurden bei Arthritis und Tuberkulose Radiumpräparate verabreicht.

Jahrzehntelang war in der Röntgendiagnostik das radioaktive Kontrastmittel «Thorotrast» (kolloidales Thoriumdioxyd) in Verwendung. Einige Jahre danach waren vor allem Leukämie und verschiedene andere Krebsformen als somatische Spätfolgen der Strahlenbelastung zu verzeichnen. Die Statistiken über Krebserkrankungen bei bestrahlten Morbus Bechterew-Patienten sind heute eine der wichtigsten Grundlagen zur Abschätzung des Strahlenrisikos (Court Brown & Doll 1957). Spiess & Mays (1970) haben an Personen, die von dem deutschen Arzt Troch von 1944–1951 mit Radium-224 behandelt wurden, eine lineare Abhängigkeit der Anzahl der Knochenkrebsfälle von der Dosis klargelegt. Diese und viele andere Beispiele zeigen, daß die Schäden der medizinischen Applikation ionisierender Strahlung meistens stark unterschätzt werden.

Eine drastische Reduktion der medizinisch-diagnostischen Strahlenbehandlung ist dringend erforderlich. Dies ist zu erreichen, indem einerseits Röntgenapparaturen und Bestrahlungstechnik verbessert werden, andererseits indem auf die vielfach unnötigen – und teilweise auch diagnostisch wertlosen – periodischen Röntgenreihenuntersuchungen verzichtet wird. Da Reihenuntersuchungen nur in einem geringen Ausmaß an der medizinischen Gesamtbelastung beteiligt sind, darf von der Herabsetzung der Untersuchungsfrequenzen keine allzu große Verminderung der Gonadendosis der Bevölkerung – wohl aber der betroffenen Bevölkerungsgruppen – erwartet werden. Technisch-apparative Maßnahmen hingegen, z. B. Erhöhung der Filmempfindlichkeit, können wesentlich wirksamer sein und die Dosis bis auf ein Zehntel und weniger reduzieren. Die Höhe der Gonadendosis wird entscheidend davon beeinflußt, ob die Keimdrüsen direkt im «bestrahlten Feld» liegen, oder nur von dessen Streustrahlung getroffen werden; ihre Intensität ist außerhalb des Strahlenkegels rund $^1/_{20}$ der Primärstrahlung und nimmt mit der Entfernung alle 2–3 cm jeweils um die Hälfte ab. Aus scheinbar geringen Unterschieden in der Feldeinblendung ergeben sich Gonadendosen, die um mehr als einen Faktor 100 variieren können. Die männlichen Keimdrüsen werden bei einem Gebißröntgen (Zahnstatus) ohne Bleiblende im Zahntubus des Geräts mit 220 mrad belastet, bei vorschriftsmäßiger Bleiblende mit 6,5 mrad und bei zusätzlicher Abschirmung der Gonaden mittels einer Bleigummischürze mit 0,01 mrad. An diesem Beispiel ist zu erkennen, daß es unmöglich ist, eine exakte Gonadendosis pro Untersuchung anzugeben. Eine einzige technisch schlechte Untersuchung ergibt in diesem Fall die gleiche genetische Belastung wie 22 000 gute. Das bedeutet, daß bereits eine relativ geringe Anzahl fahrlässig ausgeführter Untersuchungen ausreicht, die Bemühung der Mehrzahl der Ärzte um eine Verringerung der Strahlenbelastung weitgehend zu paralysieren (Seelentag 1973).

**Auch nach Ansicht von Morgan (1975) läßt sich die medizinische Strahlenbelastung drastisch (etwa auf ein Zehntel) reduzieren**, ohne daß mit einer Einbuße an diagnostischer Aussagekraft zu rechnen ist.

Niedrigen Dosen ionisierender Strahlung wurde und wird bisweilen noch heute eine stimulierende «biopositive» Wirkung zugeschrieben. Mit dieser Begründung werden radonhaltige Wässer als «Heilwässer» bezeichnet und in Radonbädern verwendet (z. B. Gastein, Marienbad, Joachimstal). Eine kritische Betrachtung dieses Problemkreises (Broda 1973) hat ergeben, daß stichhaltige Beweise der behaupteten biopositiven Strahlenwirkung bis heute nicht erbracht wurden. Die diesbezügliche balneologische Literatur steht im Widerspruch mit der Erkenntnis, daß selbst niedrige Dosen ionisierender Strahlen gefährlich sind.

Es scheint hoch an der Zeit, auch diesen Bereich der medizinischen Strahlenanwendung einer nüchternen Prüfung zu unterziehen.

### *3.2.2.3. Industrie*

Die sogenannte friedliche Anwendung der Kernspaltung ließ ihre größte Ausweitung in der Industrie erwarten. Bei der 1. Genfer Konferenz zur friedlichen Nutzung der Atomenergie interpretierte Rabinowitch das Schlagwort «atoms for peace» kennzeichnend – und weitblickend – als «atoms for industry».

Die Verwendung der Radionuklide aus dem Abfall der Kernspaltung in geschlossenen Strahlenquellen oder als radioaktive Verbindungen entsprang dem Wunsch, auch die Nebenprodukte einer nützlichen Aufgabe zuzuführen. Die damit verbundenen Kosten sind allerdings sehr hoch, da die einzelnen Radioisotope mit komplizierten chemischen Verfahren aus dem hochaktiven Spaltproduktgemisch, das Isotope nahezu aller Elemente vom Atomgewicht 72 bis 160 enthält, abgetrennt werden müssen. Heute wird deshalb nur ein verschwindender Bruchteil der Spaltproduktnuklide zu industriellen Strahlenquellen verarbeitet; dazu gehören Strontium-90, Caesium-137 und Promethium-Isotope. Eine andere Gruppe industriell genutzter Radionuklide, die bei der Kernspaltung nicht entstehen oder für deren Isolierung ein unverhältnismäßig großer Aufwand erforderlich ist, wird durch Neutronenaktivierung hergestellt (z. B. Kobalt-60, Iridium-192 usw.).

Der Effekt der Strahlenabsorption in dichter Materie wird in mehrfacher Weise angewendet. Bekannte Beispiele sind die industrielle Radiographie von Gußstücken, Schweißnähten usw., mit deren Hilfe bestimmte Fehler aufgespürt werden können, und die Schichtdicken- und Mengenmessung zur laufenden Produktionskontrolle von Folien, Papier, Blechen und Schnittgut. Die Messung der Strahlenabsorption kann auch herangezogen werden um die Tabakmenge in Zigaretten oder die Füllhöhe in Tankanlagen konstant zu halten oder zu überprüfen. Auf dem gleichen Prinzip beruht die Wirkungsweise von Brandwarnanlagen, die bei Rauchentwicklung Alarm geben.

Die absorbierte Strahlenenergie löst aber auch chemische Vorgänge aus. Unter dem Einfluß ionisierender Strahlung werden reaktionsfähige Zwischenprodukte gebildet, die die Polymerisation von Kunststoffen auslösen oder ihre Polymerenstruktur verändern, wodurch härtere Produkte entstehen.

Bei Strahlendosen von 1–5 Megarad werden Mikroorganismen abgetötet. So können chirurgische Geräte und medizinische Massenartikel, z. B. Einweg-Injektionsspritzen, Verbandmaterial usw., in der Verpackung sterilisiert werden.

In den SNAP-Isotopenbatterien, die im Weltraum Satelliten mit Energie versorgen, dient die Zerfallswärme von einigen tausend Curie Plutonium-238 zur Stromerzeugung mittels Thermoelementen. Gegenwärtig laufen Untersuchungen, Batterien dieses Typs in Herzschrittmacher einzubauen.

Bei Verschleißprüfungen wurden die Testkörper z. B. Kolbenringe oder Autoreifen, radioaktiv markiert und die Strahlung des Abriebs gemessen. Die Nachweisbarkeit der Strahlung auch durch dichte Materialien erlaubt es, Rohrleitungen auf Leckstellen zu überprüfen und diese zu lokalisieren. Ferner ist es möglich, in explosionsgefährdeten Räumen statische Aufladungen mit ionisierender Strahlung abzubauen.

Die Leuchtfarben für Skalen u. dgl., sie bestehen heute vorwiegend aus einem phosphorisierenden, tritiumhaltigen Kunststoffmaterial, enthielten früher Radium-226 als aktiven Stoff. Die Arbeiterinnen in der Uhrenindustrie, die Zifferblätter mit radiumhaltigen Leuchtfarben bemalten, haben sie beim Befeuchten des Pinsels mit den Lippen auch inkorporiert. Damit haben sie – unfreiwillig – zur Kenntnis der starken Schädlichkeit inkorporierter Radionuklide beigetragen. Noch Jahre und Jahrzehnte später konnten an ihnen die Langzeit- und Spätschäden der Strahlung – bis zum letalen Ausgang – studiert werden.

Eisenbud (1967) ist der Ansicht, daß radioaktive Stoffe in der Industrie weitere Verbreitung finden sollten. «Auch wenn ihre Verwendung zu einer merklichen radioaktiven Verseuchung der Umwelt und unseres Körpers führt, sollte die Anwendung der zu erwartenden Vorteile wegen gefördert werden. Wir werden dann selbstverständlich mit vielfältigen Strahlenquellen umzugehen lernen müssen und möglicherweise einsehen, daß das Zusammenwirken vieler Radionuklide additive und in mancher Kombination synergistische Effekte zeigen wird.» Dieser maßgebliche Promotor der Kerntechnik erwartet, daß eine besser aufgeklärte Bevölkerung in voller Kenntnis der Umstände eine «kontrollierte» radioaktive Verseuchung der Umwelt freudig in Kauf nehmen wird, wenn greifbare Vorteile damit in Verbindung stehen.

### *3.2.2.4. Landwirtschaft*

In der landwirtschaftlichen Forschung werden Radioisotope beim Studium der Stoffwechselvorgänge in Nutzpflanzen und Haustieren, bei Boden- und Düngemitteluntersuchungen sowie zur Klärung der Wirkungsmechanismen von Insektiziden eingesetzt. Es fehlt nicht an Versuchen, die Strahlenanwendung auch in die Lebensmitteltechnologie einzuführen. Als Vorteil der Strahlenkonservierung von Lebensmitteln wird neben niedrigen Kosten angegeben, daß auf Hitzesterilisierung und chemische Konservierungsmittel verzichtet und die Behandlung an fertig verpackten Waren vorgenommen werden kann.

Die Lagerfähigkeit von Lebensmitteln kann – je nach der Dosis – durch Sterilisieren, Pasteurisieren, Stoffwechsel- und Keimhemmung erhöht werden.

Die zur ausreichenden Sterilisierung bzw. Stoffwechselhemmung notwendigen Dosen von etwa 1000 bis 100 000 krad verursachen meist eine erhebliche Qualitätsminderung. Wird mit niedrigeren Dosen gearbeitet, ist die konservierende Wirkung stark eingeschränkt, obwohl immer noch Geschmackseinbußen festzustellen sind. Mit Hitzebehandlung und dem Zusatz von unter Umständen bedenklichen Chemikalien wird versucht, die Strahlenempfindlichkeit von Bakterien und Geweben zu erhöhen bzw. lebensmittel-kosmetische Effekte zu erzielen. Als Folgeprodukte der strahlenchemischen Reaktionen entstehen im Lebensmittel vielfältige, zum Teil toxische Stoffe (bei Fleisch mehr als 100), deren chemischer Bau – und mehr noch deren Wirkung – weitgehend unbekannt sind.

Die beim Verzehr bestrahlter Lebensmittel zu erwartenden Gesundheitsschäden sind nicht abzuschätzen (Herbst 1968). Daraus ergeben sich Genehmigungsschwierigkeiten seitens der Behörden, wodurch die Fortsetzung bisher großzügig geförderter Forschungsprojekte zweifelhaft wird. So steht z. B. in Frage, ob die 18 Jahre lang betriebene Entwicklungsarbeit der US-Army auf dem Gebiet der Strahlensterilisation von Lebensmitteln fortgesetzt wird, da nicht abzusehen ist, wann bestrahlte Lebensmittel von der Food and Drug Administration zum Verzehr freigegeben werden. Allen Schwierigkeiten zum Trotz werden Projekte der Lebensmittelbestrahlung zäh weiterverfolgt. In Japan werden seit 1973 jährlich 30 000 t Kartoffeln in den Handel gebracht, 1975 wurde in Italien die Bestrahlung von Kartoffeln, Zwiebeln und Knoblauch gestattet und in den Niederlanden die Zwiebelbestrahlung. Diese «Fortschritte» (Diehl 1977) dienen in erster Linie dem Zentralisierungsprozeß der Lebensmittelproduktion und -vermarktung und dokumentieren die Eigendynamik einer einmal in Gang gesetzten Großforschung.

Zur wirksamen Insektenbekämpfung wurden künstlich gezüchtete Männchen strahlensterilisiert und – meist vom Flugzeug aus – in den befallenen Gebieten freigelassen. Die wildlebenden Weibchen produzieren nach der Kopulation mit diesen Männchen sterile Gelege. Von Vorteil ist vor allem die selektive Wirkung auf das bekämpfte Insekt. Mit dieser Methode (es können zur Sterilisation auch chemische Stoffe verwendet werden) sind besonders an abgeschlossenen Inselpopulationen von Schädlingen, z. B. Schraubenwurmfliege, Melonenfliege, Mittelmeerfruchtfliege usw., in Mittelamerika erstaunliche Erfolge erzielt worden. Auch eine Reihe anderer neuer Bekämpfungsmethoden, die nicht mit ionisierender Strahlung arbeiten, sind selektiv wirksam z. B. durch das Anlocken der Insekten mit Sexualduftstoffen.

Die Schädlingsbekämpfung auf genetischer Basis eröffnet vielversprechende Möglichkeiten. So wurde bei der Stechmücke Culex pipiens entdeckt, daß Tiere verschiedener geographischer Herkunft plasmatisch inkompatibel (unverträglich) sind, d. h. Männchen und Weibchen können sich zwar paaren, eine Befruchtung der Keimzellen ist wegen der Unverträglichkeit des Plasmas jedoch nicht möglich. Zur Bekämpfung der Stechmückenplage wurden in einem burmesischen Bezirk Culex pipiens-Männchen, die aus einem französisch-kalifornischen Stamm in Massen gezüchtet worden waren ausgesetzt. Im Verlauf von 5–6 Generationen (12 Wochen) ist die ursprüngliche Stechmückenpopulation auf einen verschwindenden Bruchteil zurückgegangen (Laven 1967).

In Weiterentwicklung des Verfahrens werden jetzt Zuchtstämme mit künstlichen Chromosomenaberrationen (z. B. Bruchstückverlagerungen, Translokationen) untersucht. Trotz methodischer Parallelen bringen diese Stämme erhebliche Vorzüge gegenüber der «sterilen Männchen-Technik» mit: die gezüchteten Männchen werden bei der Strahlensterilisation stark geschwächt, sie sind gegenüber den wildlebenden Tieren nur beschränkt konkurrenzfähig und müssen deshalb in einer 10–100fachen Überzahl freigelassen werden; durch geeignete Wahl der Zuchtbedingungen ist es bei der genetischen Bekämpfungsmethode hingegen möglich, die Labortiere im Wettkampf um die Kopula leistungsfähiger zu machen, als es die wildlebenden Stechmückenmännchen sind. Dazu kommt, daß die gezüchteten Tiere untereinander fruchtbar sind und sich somit die geschädigten Erbanlagen innerhalb der Population vermehren, wodurch sich der Aufwand für die Bekämpfung weiter verringert (Laven 1971).

Die mutationsauslösende Wirkung ionisierender Strahlung wird in der Mutationszüchtung von Tieren und Pflanzen angewandt. In der Tierzucht hat sie sich jedoch wegen der großen Verluste und dem im Vergleich zur Pflanzenzucht wesentlich höheren zeitlichen und finanziellen Aufwand nicht durchsetzen können (siehe auch S. 146).

Zur Zucht neuer Pflanzensorten wird aus praktischen Erwägungen Saatgut bestrahlt, um dann aus der Vielzahl der Einzelpflanzen die auszuwählen, die den angestrebten Zuchtzielen (Ertragssteigerung, Klimafestigkeit usw.) am nächsten kommen – allerdings haben die Sorten öfters auch negative Eigenschaften. So wurden z. B. vor einigen Jahren auf den Philippinen die bodenständigen Reissorten von einer in Amerika gezüchteten ersetzt, die bei intensiver Düngung den dreifachen Ertrag erbrachte. Im Sommer 1973 wurden die Neupflanzungen von einem unbekannten Virus befallen, gefolgt von einer beispiellosen Mißernte und Notlage der Bevölkerung.

Um in trockenen Gebieten, z. B. in der Sahara, Landwirtschaft betreiben zu können, wurden Verfahren zur Seewasser-Entsalzung in Planung genommen. Während die Elektrodialyse auf dem indirekten Weg über die Stromerzeugung arbeitet, nützt die Destillation die bei der Kernspaltung entstehende Wärme direkt aus. Ob solche Versuche über das Stadium von Demonstrationsanlagen hinausgelangen werden, ist mehr als fraglich.

### *3.2.2.5. Plowshare*

An Versuchen, Atombomben auch für nicht-militärische Zwekke einzusetzen (Plowshare), hat es nicht gemangelt – die Motive dafür reichen von der Selbstentlastung einzelner Forscher bis zu Wachstumsbestrebungen der Bombenindustrie.

Das Plowshare-Programm erstreckt sich über einen weiten Bereich. Im Rahmen des «geographical engineering» wird erwogen, in Gebirgszüge Pässe zu sprengen, oder Häfen (z. B. das Chariot-Projekt in Alaska) und Kanäle anzulegen. Die Projekte Sassardi und Truando und andere untersuchen die Möglichkeit, mit nuklearen Sprengsätzen einen schleusenlosen Panamakanal zu bauen. Dazu sind, je nach der vorgesehenen Trasse, etwa 15–35 Megatonnen Kernsprengstoff nötig, und Gebiete von einigen hundert Quadratkilometern würden radioaktiv verseucht (Abb. 18). Die Größe und Lage der vom lokalen Fallout betroffenen Gebiete ist von Windstärke und Windrichtungen abhängig und kann erst *nach* den Sprengungen angegeben werden. Dazu kommt, daß durch diese schleusenlose Wasserstraße vielfältige Faunenelemente, darunter Räuber, Parasiten usw., unkontrollierbar und irreversibel zwischen dem Atlantischen und Pazifischen Ozean verschleppt werden – mit all ihren negativen ökologischen Konsequenzen, z. B. Verringerung der Artenvielfalt.

Neben solchen großräumigen Projekten umfaßt das Plowshare-

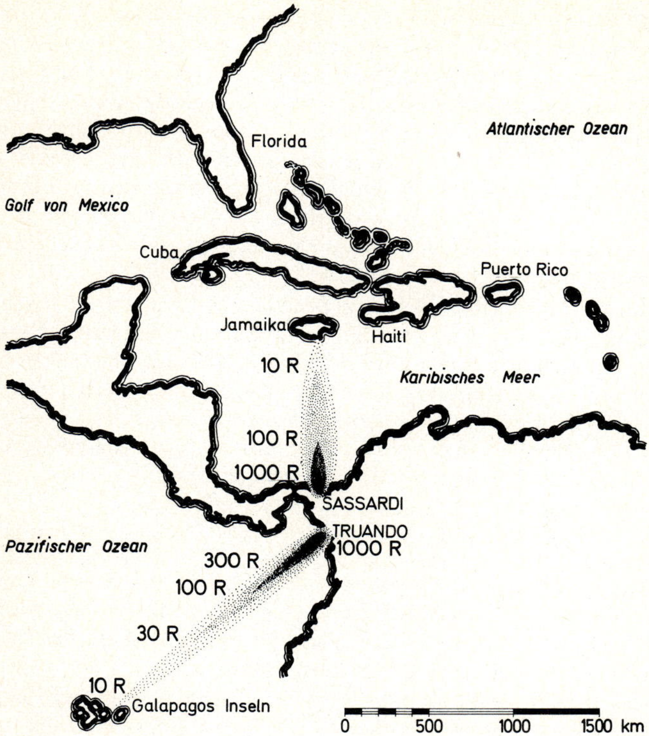


Abb. 18: Geschätzte Strahlenbelastung aus radioaktivem Fallout, wenn ein schleusenloser Kanal in Mittelamerika unter günstigen Windverhältnissen (Windgeschwindigkeit etwa 20 bzw. 55 km/h) gesprengt wird (nach Ginsburg 1965).

Programm auch die Sprengung unterirdischen Kavernen, die z. B. das Abpumpen von Erdgas erleichtern sollen[1]. Ähnliche Explosionen waren geplant, um die Erdölgewinnung zu verbessern.

Die Rulison-Sprengung, die in 2500 m Tiefe ausgelöst wurde um Erdgas zu gewinnen, verursachte bis in eine Entfernung von

[1] Zur Sprengung von Kavernen für die Nutzung der Erdwärme sind nukleare Sprengsätze nicht geeignet, da die große Hitzeentwicklung die Gesteinsoberfläche glasartig verschmilzt und dadurch der Wärmeaustausch verschlechtert wird.

über 120 km vom Explosionsort Schäden an Gebäuden und Industrieanlagen. Derartig tiefe Sprengungen sind auch in geodynamischer Hinsicht riskant, da sie in weiten Regionen latente Erdbeben auslösen («triggern») bzw. unabsehbare Flutwellen hervorrufen können.

Aber selbst bei tiefen unterirdischen Explosionen sind unerwartet Spaltprodukte an der Erdoberfläche ausgetreten. Rohstoffe wie Erdöl, Erdgas, Erze usw., deren Förderung mit nuklearen Sprengungen erleichtert oder ermöglicht werden soll, sind selbstverständlich ebenfalls radioaktiv kontaminiert.

Wegen der Schädigung des Menschen durch die Fallout-Spaltprodukte wurde zwischen den Großmächten das Teststop-Abkommen abgeschlossen. Von diesem Übereinkommen sind auch die friedlichen Atombombenexplosionen für das «geographical engineering» betroffen, da unvermeidlich Spaltprodukte in die Atmosphäre freigesetzt werden. Auch dürfte es nicht immer leicht sein, festzustellen, ob eine Atombomben-Explosion ausschließlich friedlichen oder auch paramilitärischen Zwecken gedient hat, wie das Beispiel Indien mit aller Eindringlichkeit zeigt.

1971 wurde die finanzielle Förderung des Plowshare-Programms stark eingeschränkt.

### *3.2.2.6. Energieproduktion*

Seit der erste Kernreaktor unter der Leitung von Enrico Fermi am 2. Dezember 1942 kritisch wurde, d. h. die erste sich selbst erhaltende Kettenreaktion ablief, wurde eine Vielfalt verschiedener Reaktortypen entworfen und in Erprobung gestellt. Einige Unterscheidungskriterien sollen helfen, die verwirrende Fülle unterschiedlicher technischer Konzepte zu systematisieren:

1. Brennstoff
   a) Natururan
   b) angereichertes Uran:
      nieder angereichert = 2–4 % Uran 235[3]
      hoch angereichert = 50–99 % Uran 235[1]
   c) Plutonium[2]
   d) Mischungen spaltbaren Materials
2. Moderator
   a) Graphit[2,3]
   b) Wasser (schweres oder leichtes Wasser)[1,3]
   c) keiner[2]

3. Kühlmittel
   a) Wasser (bei hohem oder niedrigem Druck)[1,3]
   b) Gas (Helium, Kohlendioxyd)[2]
   c) Flüssigmetall (Natrium, rein oder legiert)[2]
4. Funktion
   a) Plutoniumerzeugung[2,3]
   b) Wärmeproduktion (mit[2] oder ohne[3] Brutgewinn)
   c) Neutronengenerator (Isotopenproduktion)[1]

Darüber hinaus können noch mehr oder minder große Unterschiede bestehen in der Reaktorleistung, Neutronenfluß und -energie, chemischer und geometrischer Form des Brennstoffs, der Abfallwärmeableitung usw. Allen Typen gemeinsam ist die Entstehung radioaktiver Spaltprodukte aus dem Brennstoff; ihre Menge ist von der Reaktorleistung und der Betriebsdauer abhängig. Wegen ihres Neutronenüberschusses sind die einzelnen Spaltproduktnuklide in der Regel betaaktiv.

Einige Spaltnuklide, im speziellen schwere Brom- und Jodisotope, unterliegen nicht nur dem Beta-Zerfall, sondern emittieren mit einer gewissen Verzögerung Neutronen (Tab. 7). Erst diese verzögerten Neutronen schaffen den für die Technik notwendigen zeitlichen Spielraum zur Kontrolle der Kettenreaktion im Reaktor. Sie sind am Neutronenfluß, je nach Reaktortyp und Spaltstoff, verschieden hoch beteiligt:

| | |
|---|---|
| thermischer Reaktor (Uran-235) | 0,64 % verzögerte Neutronen |
| schneller Reaktor (Plutonium-239) | 0,30 % verzögerte Neutronen |

Mehr als 99 % der insgesamt entstehenden Neutronen werden innerhalb von $10^{-14}$ Sekunden frei – sie werden als prompte Neutronen bezeichnet.

In einem kritischen Kernreaktor läuft die Kettenreaktion mit zeitlich annähernd konstanter Geschwindigkeit ab. Erhöht sich der Neutronenfluß, da mehr Neutronen produziert als absorbiert werden oder nach außen diffundieren, ist der Reaktor überkritisch. Während ein «verzögert überkritischer» Reaktor steuerbar

---

1 Forschungsreaktoren.

2 Entwicklungslinien im Experimentierstadium.

3 Entwicklungslinien im Großversuch (kommerzielle Kernkraftwerke von 600 MWe und mehr). Wegen der Konstruktionsvielfalt verzichten wir auf eine Schemazeichnung und verweisen auf die farbenreichen Selbstdarstellungen der Kernkraftwerksgesellschaften.

Tab. 7: Nuklide, bei deren Zerfall die verzögerten Neutronen emittiert werden

| Gruppe | Mutterkern | Halbwertszeit | Häufigkeit je $10^5$ prompte Neutronen |
|---|---|---|---|
| 1 | Br-87 | 55,7 s | 21,1 |
| 2 | J-137 | 22,7 s | 140,2 |
| 3 | (Br-89, -90)? | 6,2 s | 125,4 |
| 4 | (J-139, Sb-135)? | 2,3 s | 252,8 |
| 5 | (As-85)? | 0,61 s | 73,6 |
| 6 | (Li-9)?? | 0,23 s | 26,9 |

bleibt, steigt die Leistung eines «prompt überkritischen» Reaktors innerhalb einer Sekunde unkontrollierbar auf den 20 000fachen Wert und höher – man spricht vom «Durchgehen» des Reaktors bzw. einem Kritikalitätsunfall.

Unter regulären Betriebsbedingungen kommt im Reaktor mit den Abschaltoperationen zwar die Kettenreaktion zum Erliegen, durch die Absorption der Beta- und Gammastrahlung der Spaltprodukte bleibt die Wärmeproduktion jedoch – in vermindertem Umfang – aufrecht (Abb. 19). Die Wärmeerzeugung knapp nach dem Abschalten entspricht rund 8 % der thermischen Reaktorleistung bzw. 25 % der elektrischen Kraftwerksleistung.

Um eine Freisetzung der Spaltprodukte hintanzuhalten, wird der Brennstoff in Hüllen (cladding), z. B. aus Zirkon- oder Eisenlegierungen, eingeschlossen. Die gasförmigen und die flüchtigen Spaltprodukte bauen bei der Betriebstemperatur des Reaktors einen Überdruck von bis zu 100 Atmosphären und mehr auf. Nicht selten führt dies zu einer Deformation des Hüllenmaterials. Diese Auftreibungen der Brennstäbe können sowohl den Kühlmitteldurchfluß behindern, als auch zu Schwierigkeiten beim Wechseln der Brennelemente führen.

Der Austausch der Brennelemente gegen neue wird wegen des Abbrandes und der wachsenden Leckrate als Folge von Fabrikationsmängeln, Temperaturdauerbelastung und Strahlenkorrosion (das Kristallgefüge der meisten Materialien wird unter der Einwirkung starker Beta-, Gamma- und Neutronenstrahlung verändert und dementsprechend die mechanischen Eigenschaften verschlechtert) erforderlich. Im Verlauf des Reaktorbetriebes wächst die Zahl undichter Stellen in den Brennstabhüllen («pinholes»,

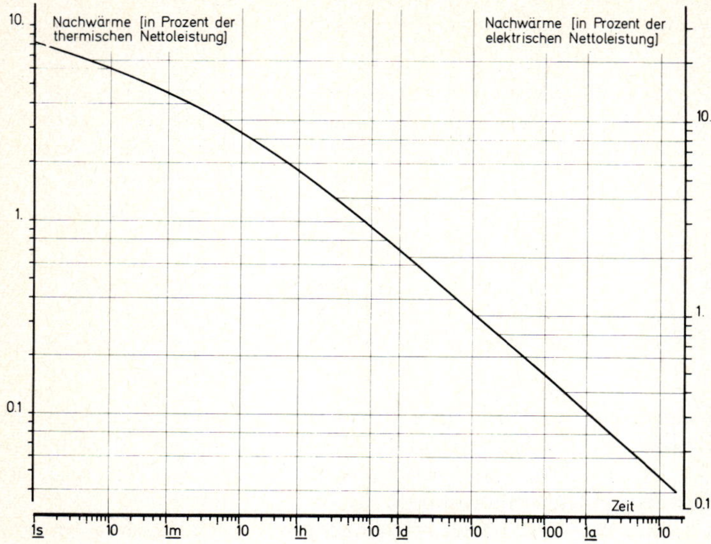


Abb. 19: Nachwärmeproduktion im Kernbrennstoff (nach Stehn & Clancy 1958).

Haarrisse usw.) und zunehmend werden flüchtige Spaltprodukte in den Primärkreislauf freigesetzt, aus dem sie von der Kreislaufentgasung laufend entfernt werden müssen; die Verfahren dazu hängen jeweils von den spezifischen technischen Gegebenheiten ab. Die Hauptmenge der radioaktiven Abgase besteht aus den in Tab. 8 angeführten Edelgasen.

Das aus dem Kühlwasser unter Strahleneinfluß entstandene Knallgas wird nicht abgeleitet, sondern einem katalytischen Rekombinationsprozeß zugeführt. In einem 1000 MWe-Kraftwerk ergibt die radiolytische Spaltung pro Minute rund 1000 Kubikmeter Knallgas (nach Glasstone 1956).

Die Abgabemenge radioaktiver Gase und Aerosole über den Kraftwerksschlot bzw. radioaktiver Stoffe von radiochemischen Prozeduren und undichten Leitungen mit dem Abwasser (Tab. 9) werden in einem Bescheid der Genehmigungsbehörde limitiert. Der Berechnung höchstzulässiger Abgaberaten werden Jahres-Dosiswerte in der näheren und weiteren Umgebung des Werkes

Tab. 8: Aktivität der Spaltprodukt-Edelgase am Kamin nach 30 Minuten Verzögerungs-(Abkling-)zeit (Kernkraftwerk Gundremmingen; Betriebsgutachten TÜV-Bayern, 1966)

| Isotop | Quellstärke mCi/s | Halbwertszeit | radioaktive Tochterprodukte | |
|---|---|---|---|---|
| Kr-89 | 0,3 | 3,2 m | Rb-89 | 15,4 m |
| | | | Sr-89 | 52 d |
| Xe-137 | 0,9 | 3,9 m | Ba-137m | 2,55 m |
| | | | Cs-137 | 30,23 a |
| Xe-135m | 8,0 | 15,6 m | Xe-135 | 9,2 h |
| | | | Cs-135 | $2{,}5 \times 10^6$ a |
| Xe-138m | 26,7 | 17,0 m | Cs-138 | 32,2 m |
| Kr-87 | 15,7 | 1,27 h | Rb-87 | $4{,}7 \times 10^{10}$ a |
| Kr-83m | 2,4 | 1,86 h | Kr-83 | |
| Kr-88 | 17,4 | 2,80 h | Rb-88 | 17,8 m |
| Kr-85m | 5,8 | 4,39 h | Kr-85 | 10,76 a |
| Xe-135 | 17,6 | 9,2 h | Cs-135 | $2{,}5 \times 10^6$ a |
| Xe-133m | 0,2 | 2,26 d | Xe-133 | 5,27 d |
| Xe-133 | 5,0 | 5,27 d | — | |
| Edelgase | 100,0 | | | |

zugrunde gelegt. Den Betreibern des bayerischen Kernkraftwerks Gundremmingen wurden dabei Emissionsraten bewilligt, die außerhalb des Werkes zu einer maximalen Strahlenbelastung von 150 mrem pro Jahr führen würden; in der gegenwärtigen Genehmigungspraxis bleiben die Behörden unterhalb dieses Wertes. Gemäß dem Bescheid des Bayerischen Staatsministeriums des Inneren vom 28. 10. 1966 dürfen mit der Abluft im Stundenmittel bis zu 225 Ci radioaktive Gase, 325 mCi feste radioaktive Schwebstoffe und 2,5 mCi Jod-131 freigesetzt werden. Wenn das Monatsmittel nicht überschritten wird, darf die Quellstärke am Schornstein vorübergehend bis auf das Zehnfache der vorigen Werte gesteigert werden. In der Praxis liegt die Emission gelegentlich um bis zu zwei Größenordnungen unter den genehmigten Raten. Dieser überaus weite Spielraum zwischen technisch Möglichem und behördlich Zugelassenem ist auffällig. Vollends unverständlich erscheint der Passus, wonach kurzfristig sogar die 10fache Abgaberate zugelassen wird. In einem Gutachten nimmt

Tab. 9: Verteilung radioaktiver Nuklide* im Kühlwasserauslauf des Kernkraftwerks Gundremmingen (KRB) an der Donau nach Untersuchungen der Bayerischen Biologischen Versuchsanstalt

| Nuklid | relativer Anteil (Prozent) | Halbwertszeit | radioaktive Folgeprodukte | |
|---|---|---|---|---|
| | | | Nuklid | Halbwertszeit |
| Co-58** | 6,3 | 71,3 d | — | — |
| Co-60** | 3,8 | 5,26 a | — | — |
| Sr-89 | 30,3 | 52 d | — | — |
| Sr-90 | 4,0 | 28,1 a | Y-90 | 64 h |
| Zr-95 | 0,1 | 65 d | Nb-95 | 35,15 d |
| Ru-103 | 0,2 | 39,6 d | Rh-103m | 57 m |
| Ru-106 | 0,7 | 367 d | Rh-106 | 30 s |
| J-131 | 20,6 | 8,07 d | Xe-131m*** | 11,8 d |
| Cs-137 | 29,1 | 30,23 a | Ba-137m | 2,55 m |
| Ba-140 | 4,1 | 12,8 d | La-140 | 40,22 h |
| Ce-144 | 0,8 | 284,9 d | Pr-144 | 17,3 m |

der TÜV-Bayern zu diesem Problem folgendermaßen Stellung: «Trotz sorgfältiger Konstruktion, Fertigung und Prüfung der Brennelemente kann nicht ausgeschlossen werden, daß insbesondere an hochbelasteten Brennelementen im Verlaufe des Betriebes Undichtigkeiten entstehen. Damit werden ständig Spaltprodukte an das Kühlmittel freigesetzt. Aus wirtschaftlichen Gründen wird man versuchen, ohne Auswechseln dieser Brennelemente weiterzufahren, solange einerseits die Aktivität in den Kreisläufen keine unzumutbare Strahlenbelastung für das Betriebspersonal zur Folge hat und andererseits die Quellstärke radioaktiver Abgase aus dem Kamin nicht einen Wert erreicht, der eine unzulässige Strahlenbelastung für die in der Umgebung lebende Bevölkerung bedeutet» (TÜV-Bayern 1966). Somit kann – aus ausschließlich ökonomischen Erwägungen – der gewährte Spielraum voll ausgeschöpft werden.

* Diese Angaben enthalten kein Tritium; man rechnet bei einem Leichtwasserreaktor mit einer jährlichen Abgabe von rund 1 Ci Tritium pro Megawatt elektrischer Nettoleistung (MWe).

** Durch Neutronenbestrahlung aktiviertes Kobalt aus Konstruktionsbestandteilen.

*** Zerfallsausbeute $< 0{,}01\,\%$.

Aus den Vereinigten Staaten liegen diesbezügliche Erfahrungen bereits vor. In Eureka, Californien, wurde 1963 das Humboldt Bay-Kernkraftwerk mit einem 68,5 MWe Siedewasserreaktor in Betrieb genommen. Nach kurzer Zeit erhöhten sich die radioaktiven Emissionen infolge von Korrosionsschäden an den Brennelementen, und im September 1965 stieg die Abgaberate auf über 300 Ci pro Stunde an. Damit war der auf der Basis des Jahresdurchschnitts festgesetzte höchstzulässige Wert von 180 Ci pro Stunde kurzfristig weit überschritten (Novick 1969).

In Kernkraftwerken fallen neben radioaktiven auch chemisch-toxische Abwässer an. In die Oberflächengewässer werden zusätzlich zu den radioaktiven Stoffen auch größere Mengen gelöster Mineralsalze eingeleitet. Ihr Beitrag zur Umweltbeeinflussung mag – über eine längere Zeitspanne ermittelt – geringfügig erscheinen, da die chemischen Abwässer jedoch nicht kontinuierlich, sondern stoßweise abgegeben werden, kommt es in der Praxis zu starken Aufsalzungen, die nicht vernachlässigt werden können (Höll 1971).

In den Reaktoren der Hanfordanlage nahe Richland in Washington, USA, die ausschließlich der Plutoniumproduktion für Atombomben dienten, wurde jahrelang zur Kühlung direkt das Flußwasser verwendet. Das aufgeheizte Abwasser enthielt in diesem Fall nicht nur Spaltprodukte, die aus undichten Stellen der Brennstäbe ausgetreten waren, sondern zusätzlich Aktivierungsprodukte – über Neutronenaktivierung von Mineralsalzen des Flußwassers entstandene Nuklide. In Verzögerungsbecken konnten die kurzlebigen Radionuklide einigermaßen abklingen, die längerlebigen, wie Phosphor-32, Schwefel-35 usw., wurden mit dem Wasser wieder dem Fluß zugeführt und traten mit den Organismen in Wechselwirkung (siehe Kapitel 4.4.2). In der gleichen Anlage ließ man größere Mengen mittelaktiver Abfallösungen (unter Hinweis auf eine günstige geologische Situation) im Erdboden versickern.

Scharfe Kritik an den Praktiken der Atomenergiekommission und die Darstellung der Konsequenzen der zugelassenen Strahlenbelastung auf große Bevölkerungsgruppen (z. B. Tamplin & Gofman 1970) löste weitreichende Diskussionen aus, die nicht ohne Folgen blieben. Unter dem Druck der öffentlichen Meinung wurden in den USA die höchstzulässigen Abgaberaten radioaktiver Stoffe aus Kernkraftwerken um zwei Größenordnungen herabgesetzt (WASH-1258, 1973).

Innerhalb einer Zone von 50 Meilen (80 km) um ein Kernkraftwerk darf die Dosis auf ein einzelnes Organ und den ganzen Körper infolge flüssiger und gasförmiger Ableitungen jeweils 5 mrem pro Jahr nicht überschreiten. In der BRD gilt die *Vorschrift*, große Bevölkerungskreise mit höchstens 150 mrem pro Jahr zu belasten; auf Grund von technologischen Verbesserungen gilt die *Empfehlung*, daß die Belastung infolge flüssiger und gasförmiger Ableitungen jeweils 30 mrem pro Jahr nicht überschreiten soll, also insgesamt 60 mrem pro Jahr (Deutscher Bundestag, 1971).

Verhindern nun solche Vorschriften in der Praxis die Freisetzung größerer Mengen radioaktiver Stoffe? Die aufsehenerregende Affaire um den Shippingport-Reaktor (USA) hat bedenkliche Aspekte der Umgebungsüberwachung zutage gefördert (z. B. Lewis 1973). Für 1971 sind offiziell stolz Null-Emissionen berichtet worden. Anläßlich einer geplanten Kraftwerkserweiterung wurden in der näheren und weiteren Umgebung des Reaktors Messungen vorgenommen, die gerade für dieses Jahr eine stark erhöhte Umgebungsradioaktivität ergaben. Die Reaktorbetreiber und die Atomenergiekommission haben zunächst das Shippingport-Kraftwerk als Ursache der verstärkten Umgebungsstrahlung, in weiterer Folge – und unter undurchsichtigen Begleitumständen – selbst die Meßergebnisse bestritten. In einer Verhandlung mußte jedoch ein hochqualifizierter Angestellter der Kraftwerksanlage zugeben, daß erhebliche Mengen radioaktiven Materials unter Umgehung der Registriereinrichtungen* an die Umgebung abgegeben worden waren.

Ein anderes Beispiel wurde in der Bundesrepublik Deutschland offiziell bekannt: Am 1. August 1969 hat das Kernkraftwerk Lingen bei einem Störfall 17 Ci Spaltprodukte in die Ems abgegeben – behördlich genehmigter Maximalwert: 5,4 Ci während eines ganzen Jahres. Die in diesem Zusammenhang eilfertig aufgestellte Behauptung, in der Umgebung sei niemand zu Schaden gekommen, entbehrt angesichts der Natur der Strahlenspätschäden – z. B. lange Latenzzeit, kein Schwellenwert der Schädigungswirkung (siehe Kapitel 4.3.2 und 4.4.3) – jeder Grundlage.

In der Chalk-River-Anlage der AECL wurden 1952 nach einem Unfall 4 Millionen Liter aktives Wasser mit 1000 Ci Strontium-90 in ein Grabensystem eingeleitet. In den folgenden

---

* Bei Druckwasserreaktoren treten durch Leckagen im Wärmetauscher radioaktive Stoffe in den Sekundärkreislauf über und werden dann insbesondere bei Abblasevorgängen mit dem Dampf aus dem Maschinenhaus freigesetzt. Auf diesem Wege können nicht unerhebliche Aktivitäten unkontrolliert freigesetzt werden.

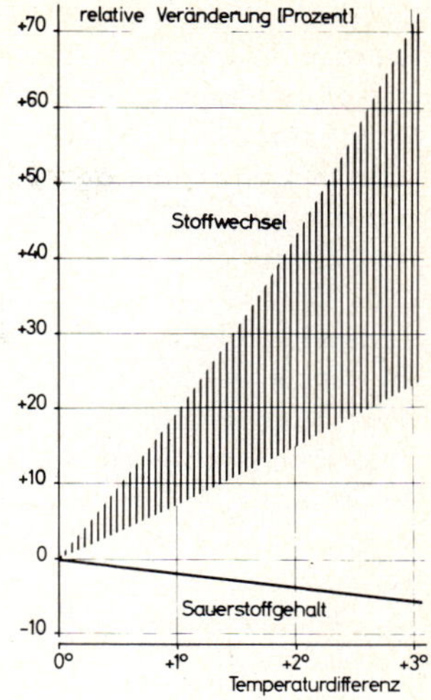


Abb. 20: Einfluß steigender Temperatur auf den Sauerstoffgehalt im Wasser und den Sauerstoffverbrauch (Stoffwechsel) von Organismen.

Jahren ließ man wiederholt aktive Flüssigkeiten im Boden versickern. Das Grundwasser transportierte und transportiert die Radionuklide entlang seiner Strömung weiter. Schätzungen zufolge dürften 150 Jahre vergehen, bis sie den nahegelegenen Perch Lake erreichen; man hofft, daß keine Verkürzung der Wanderungszeit eintritt und daß zu diesem Zeitpunkt die kürzerlebigen Spaltprodukte schon stark genug abgeklungen sind.

Der Wirkungsgrad von Kernkraftwerken – wie auch aller anderen kalorischen Kraftwerke – ist an den der Dampfmaschine gebunden und wird von der Ein- und Austrittstemperatur des Turbinendampfes bestimmt. Er liegt etwa zwischen 25 und 35 %, die übrige Energie wird als Abfallwärme dem Kühlwasser zugeführt – man hat dafür den Ausdruck «thermische Anreicherung» geprägt (thermal enrichment), eine harmlosere Bezeichnung für Wärmeverschmutzung (thermal pollution). Um den Wirkungsgrad des Kernkraftwerks Lingen zu erhöhen, wurden dem Reaktor ölgefeuerte Dampfüberhitzer nachgeschaltet. Ein solches Kraftwerk zeichnet sich durch die Emission sowohl von radioaktiven Schadstoffen als auch von Verbrennungsprodukten ($SO_2$, $NO_x$ usw.) aus.

Kernkraftwerke müssen bis etwa 60 % mehr Wärme an das Kühlwasser abgeben als gleich große fossil gefeuerte Kraftwerke

(Bergmann & Krämer 1972). Aus wirtschaftlichen Erwägungen werden Kernkraftwerke verglichen mit konventionellen, in außerordentlich großen Einheiten geplant. Auf Grund dieser beiden Fakten ist die thermische Belastung örtlich besonders hoch. Mit steigender Temperatur verringert sich die Löslichkeit von Sauerstoff in Wasser, die Stoffwechselintensität der Organismen und damit der Sauerstoffbedarf steigen hingegen stark an (Abb. 20). Daraus ergibt sich eine quantitative Einschränkung der Lebensmöglichkeiten, die einzelnen Organismen werden von der Erwärmung jedoch in verschieden starkem Ausmaß betroffen. Die Photosynthese und Atmung der Pflanzen zeigen bei Temperaturerhöhung einen divergierenden Trend (Abb. 21), die Sauerstoffzehrung nimmt zu, und Fäulnisprozesse treten in den Vordergrund. Die starke örtliche Erwärmung in den Wärmeaustauschern tötet die Bakterienfresser (Ciliaten, Rotatorien) ab, und die hemmungslose lokale Vermehrung insbesonders pathogener

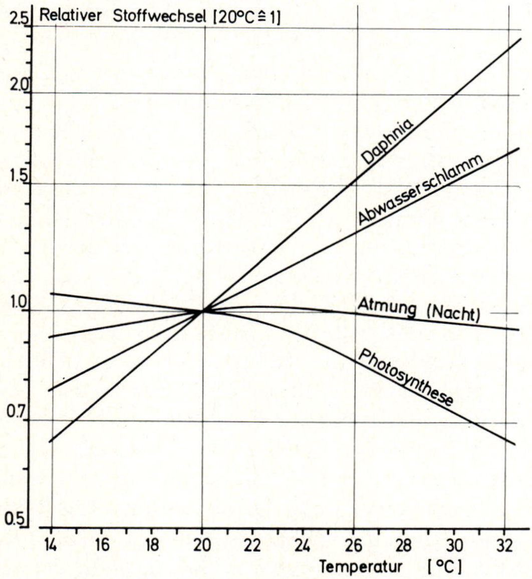


Abb. 21: Temperatureinfluß auf den Stoffwechsel eines Planktonkrebses, einer Destruentengemeinschaft im Abwasserschlamm, die nächtliche Atmung und Netto-Photosynthese (Sauerstoffproduktion) von Modellökosystemen (nach Beyers 1962).

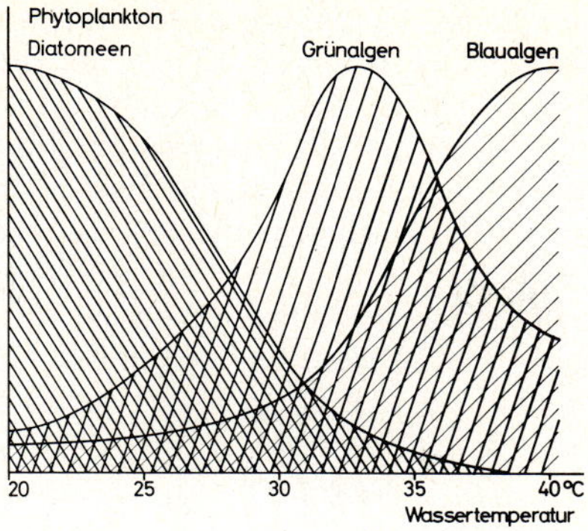


Abb. 22: Temperaturbedingte Populationsgröße verschiedener Algen (nach Cairns 1956).

Bakterien ist enorm begünstigt. Nach Kavka (1978) bewirkte die Erwärmung eines Kanals auf 35° C eine Zunahme *Coli*-verdächtiger Keime von 2900 auf 3 100 000/ml, somit um 3 Zehnerpotenzen. Das Auftreten und Wachstum von Blaualgen wird ebenfalls verstärkt (Abb. 22).

Auf Grund der Blaualgen-Giftstoffe und Bakterientoxine nimmt die Artenzahl in aquatischen Biozönosen ab, gekennzeichnet durch häufige Fischsterben. So wurde z. B. im Jahre 1963 am Hudson River, der von dem 265 MW Kernkraftwerk Indian Point aufgeheizt wird, ein Massensterben von Fischen beobachtet. Die von der Elektrizitätsgesellschaft danach ergriffenen Maßnahmen sollten eine Wiederholung dieses Vorfalls verhindern, sie erwiesen sich jedoch als unzureichend und 1969/70 war wiederum ein großes Fischsterben zu verzeichnen. Von den Blaualgen-Giftstoffen ist darüber hinaus auch die Trinkwasserversorgung ernstlich gefährdet, da sie in den Wasserwerken mit der Chlorierung nicht beseitigt werden können (Höll 1971).

Das in den Fluß eingeleitete warme Wasser hält sich wegen des geringeren spezifischen Gewichtes vorwiegend in der Oberflächenschicht über viele Kilometer entlang des Stromstrichs. So kommt es in einem Teilbereich zu einer sehr starken Wärmeverschmutzung, obwohl die über den gesamten Stromquerschnitt rechnerisch ermittelte Erwärmung gering erscheint. In Stauzonen, etwa von Flußkraftwerken, sind wärmebedingte Fäulnisprozesse bei einer hohen Vorbelastung mit organischen Abfallstoffen außerordentlich begünstigt. Ganz allgemein ist die Auswirkung einer Wärmeabgabe an Oberflächengewässer von ihrer Belastung mit organischen Abfallstoffen und anorganischen Agentien abhängig und nur bei Kenntnis aller relevanten Parameter ist es möglich, die resultierende Gesamtverschmutzung annähernd abzuschätzen. Wenn die Abwärme dem Epilimnion eines Binnensees zugeführt wird (Abb. 23), dann wird die herbstliche Durchmischung des Wassers und seine Anreicherung mit Sauerstoff jahreszeitlich verzögert oder überhaupt verhindert; damit nimmt

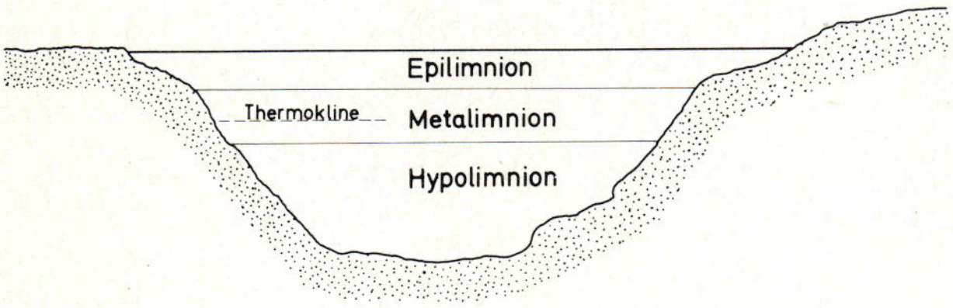


Abb. 23: Wegen der temperaturbedingten Dichteunterschiede ist das Wasser in Seen geschichtet. Man unterscheidet zwischen dem oberflächennahen Epilimnion und der stationären Tiefenschicht, dem Hypolimnion. An der Thermokline (Temperatursprungschichte) ist der Temperaturgradient am größten.

die Sauerstoffzehrung im Hypolimnion zu und die Biozönose kann tiefgreifend verändert werden.

Trotz der Fähigkeit der Fische, sich in einem gewissen Ausmaß an höhere Wassertemperaturen anzupassen, werden eine Reihe von Körperfunktionen gestört. So zeigen beispielsweise Plötzen aus der Warmwasserzone eines Stausees eine als pathologisch anzusehende Asynchronie der Reifung der Eizellen und damit verbunden eine Verminderung der Fruchtbarkeit. Die Laicheffektivität wird weiter dadurch verringert, daß die Laichtemperaturen wegen der Aufwärmung, zu einem früheren Zeitpunkt im Jahr erreicht werden, an dem das Gewässer noch einen niedrigen Wasserstand und somit ein unzureichendes Nahrungsangebot für die Jungfische hat. Allgemein sind die Ernährungsbedingungen der Fische verschlechtert, da in Warmwasserzonen einige Zooplanktonarten absterben und außerdem verstärkt sich ihr Befall durch wärmeliebende Parasiten (Zhitenjowa & Nikanorow 1972). Häufigkeit und Verteilung von Organismen im Gebiet der Flußmündung werden von der räumlichen und zeitlichen Veränderung der Salinität bestimmt, die sich aus den Gezeiten und Strömungsverhältnissen ergibt. Die schwer zu erfassenden ökologischen Zusammenhänge dieser wichtigen Lebensräume bei thermischer Belastung werden von Hargis & Warinner (1970) ausführlich diskutiert.

Extreme Temperaturintervalle zu überstehen, ist für die Lebewesen eine Frage der Widerstandskraft und der Anpassungsfähigkeit; dauernde Veränderungen des Temperaturmittels dagegen werden zu einer Frage der Konkurrenz zwischen den Arten und somit des bestehenden ökologischen Gleichgewichts. Um die Bedeutung der Schwankungen des Temperaturmittels zu illustrieren, kann man die Flora und Fauna der letzten Eiszeit mit der unserer Epoche vergleichen. Der Unterschied zwischen Moos-Flechten-Tundra einerseits und den mitteleuropäischen Laubmischwäldern mit ihrem (ursprünglichen) Artenreichtum in der Zwischeneiszeit entspricht einem Temperaturmittelunterschied 4–6° C (Burian 1977).

Um einer irreversiblen Schädigung der aquatischen Ökosysteme vorzubeugen, werden heute Kühltürme als Alternative vorgeschlagen. Abgesehen von ihrer Lärmentwicklung und der ästhetischen Beeinträchtigung der Landschaft (Höhe und Durchmesser bis zu 200 m) verbrauchen sie Energie und vermindern somit die Nettoleistung des Kraftwerks. Außerdem wird das Abwärmeproblem nicht gelöst, sondern nur in einen anderen Bereich verlagert. Die lokale Klimaveränderung äußert sich – vor allem in kühlfeuchten Gebieten – im Winter mit Nebelbildung und Vereisung. Daß Nebel in Verbindung mit chemischen Schadstoffen in der Luft verhängnisvoll werden kann, führt die Londoner Nebelkatastrophe vom Dezember 1952 deutlich vor Augen – über das statistisch zu erwartende Ausmaß hinaus starben damals 4000 Menschen. Es ist wenig beruhigend, daß es sich bei diesen Todesfällen überwiegend um Asthmatiker und ältere Menschen gehandelt hat. Das Zulassen oder Schaffen von Umweltbedingungen, denen alte und kranke Menschen nicht gewachsen sind, kommt dem Zulassen oder Schaffen einer neuen, aber keineswegs schmerzfreien Form der Euthanasie gleich. Die gravierenden ökologischen Fragen des Standort- und Kühlproblems großer Leistungseinheiten machen es notwendig, solche technische Vorhaben kritisch in Frage zu stellen.

Errichtung und Betrieb von Kernreaktoren bringen viele schwierige technische Probleme mit sich. Die Erhöhung der Kraftwerksleistung durch Vergrößerung des Reaktorcore sind Grenzen gesetzt, da schwer beherrschbare Schwingungsphänomene der örtlichen Reaktivität auftreten. Man ist daher bestrebt, die auf das Corevolumen bezogene Leistung, d. h. die Leistungsdichte, zu erhöhen; sie beträgt gegenwärtig bei Siedewasserreaktoren 50 MW/m³ Corevolumen, bei Druckwasserreaktoren ca. 90 MW/m³, bei den jetzt im Versuchsstadium befindlichen natriumgekühlten Brutreaktoren rund 500 MW/m³. Dabei werden die einzelnen Bestandteile bis an die Grenze ihrer mechanischen und thermischen Belastbarkeit beansprucht. So zeigten etwa gleichzeitig in vier amerikanischen und einem Schweizer Kraftwerk (Beznau) mehrere hundert Brennstäbe Brennstoffverdichtungen und Deformationen der Hüllen. Sachverständige weisen darauf hin, daß trotz aufwendiger Forschung und Entwicklung die Kenntnisse nicht ausreichen, den Gigantismus der Leistungssteigerung weiter voranzutreiben. Die Leistung der betreffenden Reaktoren mußte einschneidend gedrosselt werden (Gillette 1972).

Im Core bauen sich bei der notwendigen hohen Strömungsgeschwindigkeit des Kühlmittels (Wasser, flüssiges Natrium etc.) mechanische Schwingungen auf, die die festen Konstruktionselemente beanspruchen; dazu kommen noch die Stoßwellen der Kavitation (an Kanten, insbesondere der Haltegitter, bilden sich in der strömenden Flüssigkeit Blasen bzw. Hohlräume, die spontan in sich zusammenfallen).

Bricht eine große Rohrleitung im Primärkreislauf – der größte angenommene Unfall – oder gar der Druckkessel eines Siede- oder Druckwasserreaktors – einer der schlimmsten denkbaren Unfälle – geht das Kühlmittel teilweise bis vollständig verloren. Verläuft der Riß an der Seitenwand des Druckkessels, dann können die Brennstäbe durch den starken seitlichen Druck des ausströmenden Wassers leicht so weit verbogen werden, daß die Absorberstäbe blockiert sind und die Notabschaltung unmöglich ist. Selbst nach einer Reaktorschnellabschaltung mit sofortiger Unterbrechung der Kettenreaktion steigt die Temperatur der Brennstäbe wegen der Spaltproduktradioaktivität rasch, und zwar um etwa 50° pro Sekunde an (siehe Seite 68). Zur Ableitung dieser Nachwärme werden eigene Notkühlanlagen in jedem Leistungsreaktor eingebaut. Die bisher angestellten Modellversuche, mit denen die einwandfreie Funktionstüchtigkeit der Notkühlsysteme hätte demonstriert werden sollen, sind fehlgeschlagen. Das wirksame Eindringen des Kühlwassers in das Core wird von der starken Dampfentwicklung behindert. Durch den Spaltgasüberdruck werden die Hüllen örtlich überhitzter Brennstäbe aufgetrieben und die dazwischen liegenden Kühlkanäle verengt. Durch die nahezu völlig unterbundene Wärmeableitung brechen bzw. platzen die Brennstabhüllen schließlich (Lorenz et al. 1971, Lorenz & Parker 1972). Bei weiterem Temperaturanstieg schmelzen Hüllen, Konstruktionsmaterialien und schließlich der Brennstoff des Reaktorkerns (core meltdown), wobei die Temperatur auf über 5000° C ansteigt. Das geschmolzene heiße Material vereinigt sich am Boden des Druckbehälters und – wenn er nicht zerreißt, schmilzt es unaufhaltsam weiter. Fließt genügend spaltbares Material zu einer kritischen Masse zusammen, setzt eine unkontrollierbare Kettenreaktion mit der Produktion weiterer thermischer und auch mechanischer Energie ein. Dabei werden alle gasförmigen oder flüchtigen Spaltprodukte mehr oder minder vollständig freigesetzt und je nach den näheren Umständen an die Atmosphäre abgegeben.

Um einen solchen oder ähnlich gelagerten Unfallablauf zu verhindern, muß die Notkühlanlage innerhalb der ersten Minuten voll wirksam werden. Adäquate praxisnahe Untersuchungen der gegenwärtig verwendeten Notkühlsysteme liegen bisher keine vor. Einstweilen behilft man sich zur Risikoabschätzung mit umstrittenen theoretischen Modellvorstellungen (z. B. Farmer 1966, Rasmussen 1974) obwohl bei komplexen Systemen letztlich nur aus der Erfahrung gelernt werden kann.

Mit dem Schlagwort einer in die tausende Jahre gehenden kumulativen Betriebserfahrung werden die Bevölkerung, Beamte und Politiker darüber hinweggetäuscht, daß für Kernkraftwerke von mehr als 600 MWe Leistung – d. h. diejenigen Reaktortypen, die die künftige Elektrizitätsversorgung übernehmen sollen – eine durchschnittliche Betriebserfahrung von zwei bis drei Jahren vorliegt.

Im Hinblick auf eine geringere Umweltbelastung erscheint einer Reihe von Reaktorkonstrukteuren und Sachverständigen die Entwicklung gasgekühlter Hochtemperaturreaktoren gegenüber den Leichtwasserreaktoren als erstrebenswerter Fortschritt. Die Entwicklungslinie des natriumgekühlten schnellen Brüters hingegen – in dem als Fernziel in kommenden Jahrzehnten mehr Plutoniumbrennstoff erzeugt als verbraucht werden soll – wird vielfach nicht nur mit Skepsis und Besorgnis verfolgt (z. B. Tinker 1973), sondern auch scharfer Kritik unterzogen (Norman 1974 a). Ihre Ursachen liegen, abgesehen von ökonomischen Fragen, in der besonders schwierigen Reaktortechnologie, der Lagerhaltung großer Mengen strahlenden Abfalls, der extrem langlebige und hoch radiotoxische Transurane enthält, und in der Plutonium-Problematik mit ihren vielfältigen Aspekten.

Der im Brennstoffzyklus verloren gehende Anteil von ca. 1 % (der sich hauptsächlich in den Abfallfraktionen befindet) macht bei einer in Aussicht genommenen jährlichen Verarbeitungsmenge von 5000 t Plutonium immerhin 50 t aus*. Vergleicht man dies mit der zum Bau einer Atombombe notwendigen Menge von 5–10 kg Plutonium, wird klar, daß Mengen dieser Größenordnung unauffällig abzuzweigen sind und einer illegalen Atombombenproduktion Tür und Tor geöffnet wird.

### 3.2.3. Die Kerntechnik und ihre Abfälle

Um die Kernkraftwerke mit Brennstoff zu versorgen, ist eine stufenweise Verarbeitung des Urans notwendig, die mit dem Uranbergbau beginnt und mit dem Atommüll endet. Da der im Reaktor nicht verbrauchte Brennstoff wieder in den Verarbeitungsprozeß eingeschleust wird, spricht man auch vom Brennstoffkreislauf (Tab. 10). Jeder dieser Verarbeitungsschritte ist mit mehr oder minder starken radioaktiven und konventionell chemischen Emissionen verbunden, die bei der Kernenergiediskussion oft übersehen werden.

Bei der Behandlung des Abfalls stehen grundsätzlich zwei Möglichkeiten zur Verfügung:

– der Abfall wird verdünnt und in die Umwelt emittiert, oder
– die radioaktiven Stoffe des Abfalls werden konzentriert und in einem kontrollierten Lager aufbewahrt.

Die Wahl zwischen diesen beiden Alternativen wird primär von den daraus entstehenden Kosten mitbestimmt. Die Entscheidung ist außerdem abhängig von gesetzlichen Regelungen und Auflagen der Behörden.

Im konkreten Fall sind bei der Behandlung radioaktiven Abfalls folgende Faktoren von Bedeutung:

– Der Aggregatzustand des Abfalls (flüssig, gasförmig oder fest), sowie
– die Aktivität,
– die Halbwertszeit,
– die Zerfallsart und
– die Radiotoxizität der darin enthaltenen radioaktiven Stoffe.

---

* Ein 1975 erstelltes Konzept für eine industrielle Kernbrennstoff-Wiederaufarbeitungsanlage in der BRD rechnet bei einem Plutoniumdurchsatz von jährlich 14 000 kg mit 140 kg Plutonium im Abfall. Dies entspricht einer Verlustrate von 1 %.

Tab. 10: Stufen des Brennstoffzyklus (nach J. P. Holdren, 1973)

| Prozeß | Routine-Freisetzung* von Radioaktivität | mögliche unkontrollierte Freisetzung von Radioaktivität |
|---|---|---|
| Uran Bergbau Extraktion | Radon in den Bergwerksstollen Oberflächen- und Grundwasser-Kontamination durch Abfallerze | |
| ↓ $U_3O_8$ (Uranoxyd) | | |
| Anreicherung | | Diebstahl von Uran-235 |
| ↓ Angereichertes Uran | | Diebstahl von Uran-235 auf dem Transportweg |
| Brennelement-Erzeugung | | Diebstahl von Plutonium, Uran Feuer, Sabotage |
| ↓ neue Elemente | | Diebstahl auf dem Transportweg Feuer, Unfall, Sabotage |
| Elektrizitäts-Erzeugung | Routine-Emissionen | Unfall, Sabotage (betr. auch Lager für verbrauchten Brennstoff) |
| ↓ verbrauchte Brenn-Elemente | | Unfall, Sabotage auf dem Transportweg |
| Aufarbeitung (Rückführung: Uran → Anreicherung; Plutonium → Brennelement-Erzeugung) | Routine-Emissionen | Feuer, Unfall, Sabotage, Diebstahl von U-235, U-233, Pu-239 |
| ↓ konzentrierter Abfall | | Unfall, Sabotage auf dem Transportweg |
| Atommüll-management | Routine-Emissionen | Unfall, Sabotage geologische Veränderungen |

* Während des Normalbetriebes von kerntechnischen Anlagen freigesetzte radioaktive Stoffe (Abgase, Abwässer).

Haben die Radionuklide in den Abfällen, worunter sinngemäß auch die Abgase kerntechnischer Anlagen zu zählen sind, nur eine kurze Halbwertszeit, wird vor der Emission oder Deponierung fallweise eine temporäre Rückhaltung vorgenommen, in der die Hauptaktivitäten einigermaßen abklingen können. Bei Verunreinigungen mit mittlerer oder langer Halbwertszeit kann dieser Weg jedoch nicht beschritten werden.

Radioaktive Gase treten vor allem bei drei Schritten des Brennstoffzyklus auf: Uranbergbau, Kernkraftwerk, Aufarbeitungsanlagen. So enthält die Luft in den Bergwerksstollen Radon-222, das aus dem uranhaltigen Gestein entweicht, und radioaktive Schwebstoffe, die zusammen die verstärkte Lungenkrebsinzidenz unter den Bergleuten verursachen (Abb. 24).

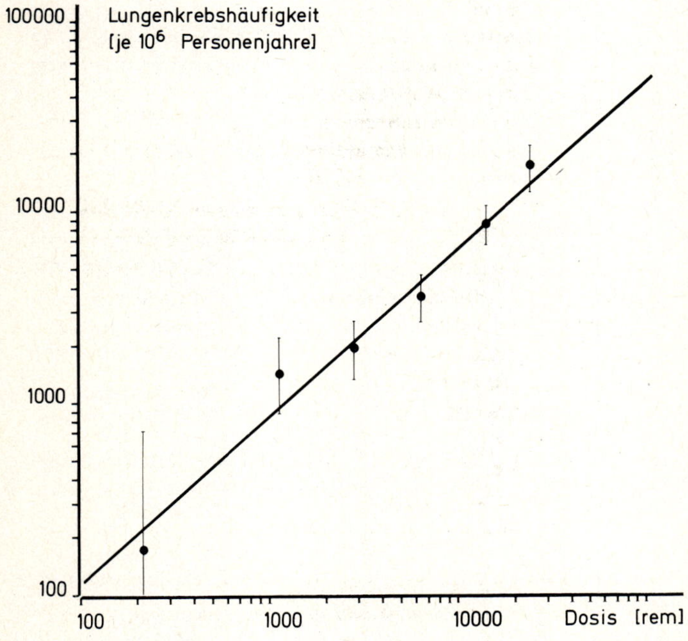


Abb. 24: Dosis/Wirkungs-Beziehung zwischen Lungenkrebshäufigkeit und Strahlenbelastung bei Uran-Bergleuten in den Vereinigten Staaten. Das Datenmaterial stammt aus dem Zeitraum 1951–1971 (nach BEIR-Report 1972).

Durch die Stollenbewetterung gelangt das Radon schließlich in die Atmosphäre. Radon entweicht aber auch den Abfallerzen («tailings»), die übrig bleiben, nachdem den Uranerzen durch einen chemischen Prozeß das Uran entzogen worden ist. Sie enthalten jedoch nach wie vor seine radioaktiven Folgeprodukte – darunter Thorium-230, das über Radium-226 zu Radon-222 zerfällt.

Infolge des geringen Urangehalts – gegenwärtig im Durchschnitt an die 2 kg Uran pro Tonne Erz, Lagerstätten mit geringerem Urangehalt können nur mit einer entsprechend höheren Kostenbelastung abgebaut werden – sind die Mengen an abgebautem Erz und Abfallerz praktisch identisch. Um den für eine Leistung von 1000 MWe notwendigen Brennstoff herstellen zu können, müssen jährlich 150 000 bis 200 000 Tonnen Uranerz abgebaut werden. Mit den Abfallerzen werden die Tochterprodukte der natürlichen Zerfallsreihen freigesetzt – darunter ca. 6000 g Thorium-230 (Halbwertszeit ~ 80 000 Jahre), 120 g Radium-226 (Halbwertszeit 1600 Jahre) und rund 110 g Protaktinium-231 (Halbwertszeit 32 500 Jahre) samt ihren Folgeprodukten. Betrachtet man analog dazu ein Kohlenkraftwerk mit gleichgroßer Leistung, so findet sich als interessante Parallele, daß die jährlich anfallende Aschenmenge von 120 000 bis 250 000 Tonnen mit der oben angegebenen Menge an Abfallerzen praktisch übereinstimmt. Verschiedentlich wurde angeführt, daß in der Kohlenasche auch natürliche Radionuklide, z. B. Radium-226, enthalten sein können (Eisenbud & Petrov 1964, Martin et al. 1970). Dies ist dann möglich, wenn im Verlauf eines Grundwasserstromes ein abbauwürdiges Kohlenflöz einem Uranlager folgt (siehe auch Seite 16). In extremen Sonderfällen, wie z. B. bei Verwendung einer speziellen Appalachenkohlensorte, können jährlich in der Kohlenasche eines 1000 MWe-Kohlenkraftwerks bis maximal 2,5 g Radium gebunden sein. Der Radiumgehalt namhafter europäischer Kohlenvorkommen liegt aber unter der Grenze der Nachweisbarkeit.

Die steigende Uranproduktion der letzten Zeit führt zu einem ständigen Anwachsen der Abfallerz-Halden; so haben sich beispielsweise in den Vereinigten Staaten bisher an die 100 Millionen Tonnen «tailings» angesammelt, die US-Atomic-Energy-Commission hat jedoch für die Lagerhaltung – bezeichnenderweise – jede Verantwortung abgelehnt. Bei dem Versuch, sie einer nützlichen Verwendung zuzuführen, wurde das Abfallerz an Interessenten als Schüttmaterial für Bauzwecke abgegeben, und fand sich in weiterer Folge sogar in Sandkisten von Kinderspielplätzen. Spätere Untersuchungen ergaben, daß die Bewohner der auf «tailings» errichteten Häuser (einige tausend) durch die Gammastrahlung aus dem Schüttmaterial und dem daraus entweichenden Radon-222 einer höheren Strahlenbelastung ausgesetzt sein konnten, als die Arbeiter in den Uranminen.

Der größere Teil der Abfallerze wird in der Regel auf Halden, zum Teil auch neben Flüssen, abgelagert. Der Regen wäscht die löslichen Radionuklide in die Böden, das Grundwasser und die Oberflächengewässer, die außerdem noch durch die radioaktiven Abwässer der Urangewinnung belastet sind. Da die radioaktiven Folgeprodukte der Zerfallsreihen verschiedene chemische Eigenschaften haben, können sie mit den Land- und Wasserorganismen dieser Gebiete in vielfältige Wechselwirkung treten. Radium wird als Erdalkalielement von den Pflanzen aufgenommen, dem Calcium gegenüber jedoch bevorzugt (Stehney 1960). So wurden im Bereich des Colorado River vom US-Department of Health 1966 alarmierende Radium-226-Konzentrationen in Wasserpflanzen festgestellt. Vom tierischen Organismus wird Radium in Skelettsubstanzen eingebaut, wie z. B. in Molluskenschalen oder in Wirbeltierknochen. Die Folgeprodukte des Zerfalls entstehen dann direkt im Körper und können aus nächster Nähe Zellen und Gewebe schädigen.

Die «tailings» als niedrig aktive feste Abfälle beinhalten wegen der hohen Radiotoxizität der darin enthaltenen Stoffe und ihrer großen Menge ein Umweltproblem ersten Ranges. Das radioaktive Edelgas Radon-222, das in natürlichen Erzlagern größtenteils zerfällt, ohne in die Biosphäre überzugehen, entweicht ständig aus den Abfallerzhalden und ist ein wichtiger Faktor in der Auslösung von Lungenkrebs. Dieser Fragenkomplex ist auch überall dort von Bedeutung, wo Bestrebungen im Gange sind, Uranvorkommen aufzuspüren und auszubeuten. Es sollte stets bedacht werden, daß eine nationale Uranförderung für die Eigenversorgung ziemlich wertlos ist, solange die Abhängigkeit von den Anreicherungsmonopolen der Nuklearmäche besteht.

Natururan ist für den direkten Einsatz als Reaktorbrennstoff nur beschränkt verwendungsfähig, da das mit thermischen Neutronen spaltbare Isotop 235 nur in einer Konzentration von 0,711 % enthalten ist. Das Uran muß deshalb einer Isotopenanreicherung unterworfen werden. Dazu wird das Uranoxyd in einem Konversionsprozeß in das Uranhexafluorid ($UF_6$) übergeführt, das schon bei 56,5° C direkt vom festen in den gasförmigen Aggregatzustand übergeht. Das gasförmige Uranhexafluorid wird nach dem Diffusionsverfahren angereichert; dem standen anfangs große Schwierigkeiten entgegen, da diese Uranverbindung gegenüber vielen Metallen außerordentlich korrosiv ist und bereits von geringen Feuchtigkeitsspuren rasch zersetzt wird.

Die Gasdiffusionsmethode zur Isotopentrennung benutzt die Eigenschaft von Gasen verschiedenen Molekulargewichts, eine poröse Wand verschieden schnell zu durchdringen. Das Molekül mit dem leichteren Uranisotop diffundiert rascher als das mit dem schweren. Aus dem Verhältnis der Molekulargewichte läßt sich für die Trennung Uran-238/Uran-235 ein maximaler Anreicherungsfaktor von 0,0043 je Stufe errechnen, der in der Praxis nur knapp zur Hälfte erreicht wird. Um diesen außerordentlich kleinen Anreicherungsgrad zu vergrößern ist man gezwungen, etwa 2000–4000 solcher Anreicherungsschritte nacheinander auszuführen. Dementsprechend viel Energie verbraucht dieser Prozeß.

Im abgereicherten Uran (Abfalluran) liegt die Uran-235-Konzentration zwischen 0,2 und 0,4 %, in angereichertem um 3 % (Druck- und Siedewasserreaktoren), in Spezialfällen aber auch bis über 90 % (Materialprüf- und Forschungsreaktoren). Vor der Brennelementherstellung ist es notwendig, das Uran aus dem chemisch aggressiven Fluorid in eine stabilere Verbindung oder die Metallform überzuführen. Diese Umwandlung (Rekonversion) muß unter besonderen Vorkehrungsmaßnahmen erfolgen, da auch andere Fluorverbindungen, insbesondere Flußsäure, in der Natur schädlich werden können, wie aus der konventionellen fluorverarbeitenden Industrie allgemein bekannt ist.

Für die Beschickung der Brennstäbe wird heute in der Regel das Uran als Oxyd verwendet. Urancarbid-Brennstoff mit seinem günstigen Einfluß auf die Neutronenökonomie wird gegenwärtig in Kraftwerksreaktoren kaum eingesetzt; die Uran-Kohlenstoff-Verbindung reagiert mit dem Kühlmittelwasser ähnlich heftig wie Kalziumcarbid. Metallisches Uran wiederum reagiert sehr rasch mit Sauerstoff, und besonders das fein verteilte Metall ist selbstentzündlich («pyrophor»); das gilt auch für Plutonium und Thorium, die in ihrem chemischen Verhalten dem Uran ähneln. Wenn Späne oder Plättchen mit Luft in Berührung kommen, ergibt sich daraus eine ernsthafte Feuergefahr. Bei Bränden, wie sie mehrfach nicht nur aus amerikanischen Anlagen bekannt geworden sind, entstehen mit dem Rauch radioaktive Aerosole und Schwebstoffe. Die mechanische Bearbeitung von Uranmetall kann deshalb nur in Inertgasatmosphäre oder im Vakuum ausgeführt werden.

Für den Einsatz im Reaktor wird das Uranoxydpulver zu kleinen zylinderförmigen Körpern, sogenannten «Pellets», gepreßt und nach einer Wärmebehandlung (Sinterung) auf die jeweils erforderliche Größe zurechtgeschliffen. Daraufhin werden die Brennstabhüllen so mit den Pellets beschickt, daß auf einem oder beiden Enden ein Raum freibleibt, der vor dem Zuschweißen mit Helium gefüllt wird. Dieser freigebliebene Gasraum nimmt später die beim Reaktorbetrieb entstehenden flüchtigen Spaltprodukte auf. Der somit verringerte Innendruck erlaubt die Verwendung von Brennstabhüllen mit kleinerer Wandstärke. Eine mehr oder minder große Zahl von Brennstäben wird zu Brennelementen vereinigt und mit Distanzhaltegittern fixiert, da sich die Brennstäbe wegen des Temperaturabfalls vom Zentrum des Reaktorcore zum Rand sonst sehr stark gegen die Mitte hin durchbiegen würden.

Etwa jährlich einmal wird der Kraftwerksreaktor routinemäßig für ca. 2 Monate stillgelegt, damit man eingetretene Mängel und Defekte beheben und den Brennstoffwechsel vornehmen kann. Nach Abklingen der kurzlebigen Radioaktivität wird der verbrauchte Brennstoff durch frischen ersetzt; dabei wird etwa ein Drittel bis ein Fünftel aller Brennelemente entfernt und neue nachgeladen.

Die technischen Gründe für den Austausch eines Brennelementes im Reaktor sind

- die Reaktivitätsabnahme wegen des Abbrandes,
- die zunehmende «Vergiftung» des Reaktorbrennstoffs durch neutronenabsorbierende Spaltprodukte (Tab. 11) und nicht spaltbare Isotope von Transuranelementen.
- die wachsende Spaltproduktfreisetzung (Leckrate) der Brennstäbe wegen der begrenzten Widerstandsfähigkeit der Werkstoffe gegen Neutronenbestrahlung, thermische Wechselbeanspruchung und Temperaturdauerbelastung (Klusmann & Völcker 1969).

Auf die routinemäßigen Kraftwerksemissionen wurde bereits im vorigen Kapitel eingegangen.

Die verbrauchten radioaktiven Brennelemente werden nach der Entnahme aus dem Reaktor in wassergefüllten Lagerbecken ein halbes bis ganzes Jahr lang aufbewahrt. Die Verweilzeit wird von der beim radioaktiven Zerfall der Spaltprodukte produzierten Nachwärme bestimmt (Abb. 25). Unter entsprechenden Strahlenschutz- und Kühlungsmaßnahmen werden sie zu den Wiederaufarbeitungsanlagen transportiert, und zwar derzeit zu

Tab. 11: Reaktorgifte

| Nuklid | Spaltausbeute (Prozent) | Absorptionsquerschnitt für thermische Neutronen (barn) | Halbwertszeit |
|---|---|---|---|
| Xenon-135* | 6,45 | 2 640 000 ± 100 000 | 9,2 h |
| Samarium-149 | 1,3 | 41 000 ± 2 000 | (stabil) |
| Samarium-151 | 0,445 | 15 000 ± 1 800 | 93 ± 8 a |
| Europium-155 | 0,03 | 14 000 ± 4 000 | 1,81 a |
| Gadolinium-157 | 0,015 | 254 000 ± 2 000 | (stabil) |

10 % per Schiff, zu 40 % mit der Bahn und zu 50 % auf der Straße.

Der Grund, warum die verbrauchten Brennelemente nicht unbehandelt einer Endlagerung zugeführt, sondern wiederaufgearbeitet werden, besteht darin, daß der Spaltstoffrestwert, d. h. der Wert des unverbrauchten Uran-235 sowie des gebildeten Plutoniums, gegenwärtig höher veranschlagt wird, als die Aufbereitungskosten. Die aus dem Uran-238 gebildete Plutoniummenge ist von der Brennstoffanreicherung, dem Abbrand, besonders stark aber von der Reaktortype abhängig (Abb. 26).

In der Gesamtheit nukleartechnischer Anlagen ist die Aufarbeitung jener Industriezweig mit der stärksten radioaktiven Umweltbelastung. Die Aufbereitungsanlagen geben 10–1000mal soviel Radioaktivität an die Luft ab, wie alle von ihr betreuten Kernkraftwerke im Normalbetrieb zusammen (Vogt 1973).

Damit das Uran und Plutonium von den stark radioaktiven Spaltprodukten (Abb. 27) abgetrennt werden können, muß man zuerst die Hüllen der Brennstäbe entfernen, was bei starkem Schwellen (Volumenzunahme) des Brennstoffs nicht mehr mechanisch, sondern nur chemisch möglich ist; dieser Prozeß wird sehr erschwert durch die starken Unterschiede zwischen den Brennele-

* Nach der Abschaltung des Reaktors steigt der Xenon-135-Gehalt bis auf den mehr als 10fachen Wert an — die Muttersubstanz Jod-135 zerfällt mit einer Halbwertszeit von 6,7 Stunden — und erreicht nach 12 Stunden das Maximum. Daraus ergeben sich Schwierigkeiten beim Wiederanfahren nach kurzfristigen Betriebsunterbrechungen, da dieses Reaktorgift der Kettenreaktion einen großen Teil der erforderlichen Neutronen entzieht.

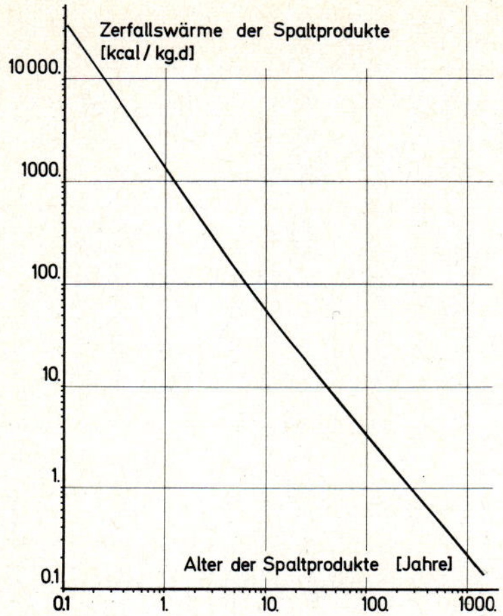


Abb. 25: Wärmeproduktion durch den Zerfall von Spaltprodukten (nach Rodger & Fineman 1957).

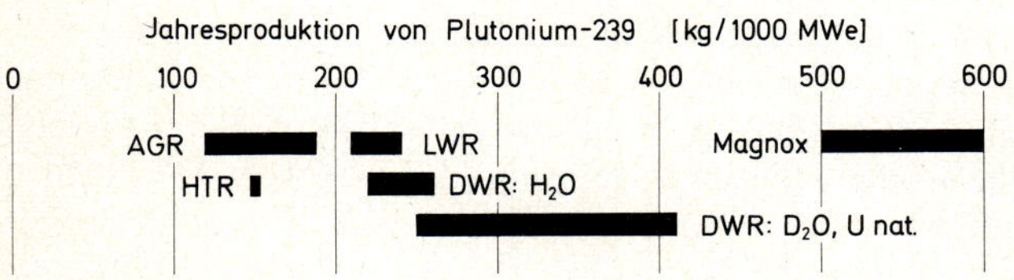


Abb. 26: AGR – Advanced Gascooled Reactor, HTR – Hochtemperatur-Reaktor, LWR – Leichtwasserreaktor, DWR – Druckwasserreaktor (leicht- oder schwerwassermoderiert), Magnox-Baulinie. (Nach Jelinek-Fink & Keese 1972).

menttypen bezüglich ihrer Form, Größe, Aufbau und Werkstoffe. Anschließend wird der Brennstoff in Mineralsäuren (vorwiegend Salpetersäure) aufgelöst und in mehrstufigen Extraktionsprozessen zuerst das Uran und dann das Plutonium zu etwa 99 % isoliert.

In den einzelnen Abschnitten des chemischen Trennungsvorgangs sind die Kritikalitätsbegrenzungen zu beachten, d. h., es

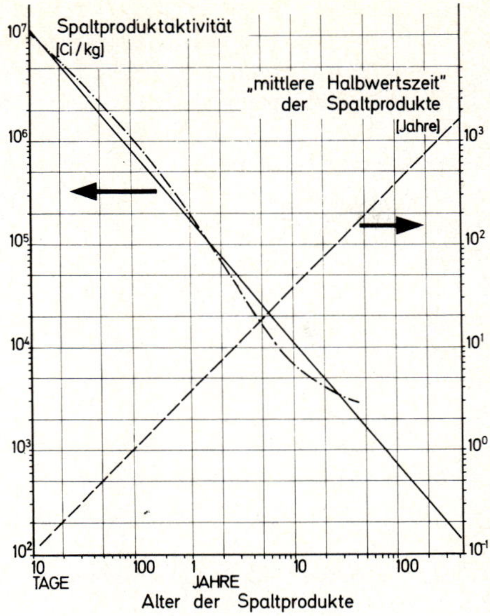


Abb. 27: Mit zunehmendem Alter nimmt die Aktivität der kurzlebigen Spaltprodukte rascher als die der langlebigen ab, das heißt, daß die «mittlere Halbwertszeit» des Spaltproduktgemisches mit dem Alter zunimmt. Aus dem Zerfallsgesetz nach Way & Wigner ($A = A_0 \cdot t^{-1,2}$; ausgezogene Linie) ergibt sich eine, im Diagramm strichliert dargestellte, mittlere Halbwertszeit, die gemäß einer Faustregel gleich dem vierfachen Alter der Spaltprodukte ist. Die strichpunktierte Linie bezieht sich auf Angaben von Hunter & Ballou (1951).

muß ausgeschlossen sein, daß sich in einer der Stufen eine kritische Menge spaltbaren Materials befindet und eine Kettenreaktion in Gang kommt. Daraus ergeben sich im allgemeinen Beschränkungen im Anreicherungsgrad sowie der maximalen Abbrandrate des Brennstoffs und seiner chemischen Form.

Die OECD-Eurochemic-Anlage in Mol, Belgien, wurde vielseitig eingerichtet, um praktisch alle anfallenden Brennstofftypen verarbeiten zu können. Sie steht seit geraumer Zeit nicht mehr in Betrieb und die Frage, wer die Stillegung bezahlen soll, ist ungeklärt.

Die gasförmigen Spaltprodukte werden, wenn notwendig, mit Luft verdünnt und an die Atmosphäre abgegeben. Besondere Aufmerksamkeit verdient dabei das Spaltprodukt-Edelgas Krypton-85. Es wird bei der Behandlung des verbrauchten Brennstoffs freigesetzt und zur Gänze an die Atmosphäre abgegeben. Wegen seiner Halbwertszeit von etwas mehr als 10 Jahren wird langfristig mit einem starken Anstieg der Krypton-85-Konzentration in der Luft gerechnet. Man schätzt, daß allein durch dieses Nuklid **im Laufe von ungefähr zwei Generationen die natürliche Strahlenbelastung der Körperoberfläche verdoppelt werden kann, vorausgesetzt, daß es sich in der Lufthülle der nördlichen und südlichen Hemisphäre gleichmäßig verteilt.**

Um diese Entwicklung zu verzögern, werden verschiedentlich Rückhaltetechniken diskutiert, denen im allgemeinen jedoch folgende Schwierigkeiten entgegenstehen:

- Wegen Konkurrenzreaktionen mit anderen Edelgasen bzw. Komponenten der Luft wird die Effizienz der Verfahren stark verringert.
- Es werden undifferenziert alle Kryptonisotope angereichert, auch die inaktiven (die mittelbar ebenfalls bei der Kernspaltung entstehen und in der Luft enthalten sind), und nicht nur selektiv das aktive Krypton-85. Dadurch werden die Raumerfordernisse für die Lagerhaltung um ein Mehrfaches erhöht.
- Die einzelnen Verfahren sind energie- und materialaufwendig. Dadurch vermindert sich die Nettoleistung nuklearer Stromerzeugung und im weiteren wird die Wirtschaftlichkeit von Kernkraftwerken verschlechtert.

Die flüssigen aktiven Abfälle haben ihren Ursprung in den radiochemischen Labors und Anlagen und undichten Leitungssystemen und -verbindungen bei den Kernkraftwerken und der Brennstoffaufarbeitung. Ist der Gehalt an Spaltprodukten und anderen aktiven Stoffen, z. B. Korrosions- und Aktivierungsprodukten, gering, dann werden die Abwässer – mehr oder minder stark verdünnt – direkt in die Oberflächengewässer eingeleitet.

Ist die Aktivitätskonzentration höher, wird den Abwässern ein Teil der radioaktiven Stoffe über eine chemische Aufbereitung entzogen. Sie werden bei diesem Prozeß in verschiedene Fällungsmaterialien eingelagert, die als Schlämme mit einem mehr oder weniger hohen Wassergehalt einen Teil des festen, aktiven Abfalls aus Kernkraftwerken ausmachen. Den anderen Teil bilden Ionenaustauscherharze, an die die nichtflüchtigen ionogenen Spaltproduktverunreinigungen des Primärkühlmittels Wasser absorbiert sind. In einem 1000 MWe-Leichtwasserreaktor fallen täglich 1–2 Blechtonnen voll festem Abfall an.

Mit keinem dieser – Ionenaustausch, Fällung – noch mit einem anderen praktisch anwendbaren Verfahren kann das Tritium aus dem Abwasser entfernt werden. Dieses beta-aktive Wasserstoffisotop (Halbwertszeit: 12,26 Jahre) wird aus Kernkraftwerken und Aufbereitungsanlagen deshalb zur Gänze, und zwar in Mengen zwischen 1000 und 6000 Curie pro Reaktorbetriebsjahr, in die Oberflächengewässer eingeleitet.

Die Anlagen zur Aufbereitung des verbrauchten Brennstoffs (Tab. 12) behandeln radioaktives Material wie Uran, Plutonium

Tab. 12: Spaltstoffinhalt abgebrannter Brennelemente von Leichtwasserreaktoren

| | |
|---|---|
| Einsatz: | ~ 3,0 % U-235 |
| Abbrand: | 30 MWd/kg |
| von 1 kg Uran verbleibt im abgebrannten Brennstoff: | |
| U-238 | 950,0 g |
| U-236 | 3,8 g |
| U-235 | ~ 7,1 g |
| Pu-239 | 4,9 g |
| Pu-240 | 2,2 g |
| Pu-241 | 1,0 g |
| Pu-242 | 0,4 g |
| andere Aktiniden | ~ 0,6 g |
| Spaltprodukte | ~ 30,0 g |

und Spaltprodukte, nicht nur aus einem, sondern aus vielen (bis zu etwa fünfzig) Kernkraftwerken und Forschungsreaktoren. Man hat es dabei in der Regel mit überaus hochaktiven Lösungen langlebiger Stoffe in Mineralsäuren (Salpetersäure, Flußsäure, Schwefelsäure) und organischen Extraktionsmitteln (z. B. Hexon = Methylisobutylketon, u. a.) zu tun. Nach Ablauf aller chemischen Aufarbeitungsschritte liegen, von Abgasen und Abwässern abgesehen, in der Hauptsache folgende Produkte vor:

• *Uranoxyd* mit einem Gehalt von ungefähr 0,5–0,7 % an U-235. Dieses Produkt ist für den Reaktoreinsatz nicht geeignet, sondern muß wieder die Anreicherungskaskaden zur Isotopentrennung durchlaufen.

• *Plutonium* als Nitrat. Es enthält neben dem Isotop 239 (Hauptmenge) auch noch die höheren Isotope 240, 241 und 242 (Nebenmengen bzw. Spuren). Der verarbeitungsbedingte Verlust von Plutonium in den Aufarbeitungsanlagen beträgt etwa 1 % der eingesetzten Menge. Obwohl Plutonium auch in den Leichtwasserreaktoren als Brennstoff verwendet werden könnte, wird es heute in der Regel nicht in die Brennelementerzeugung rückgeführt, sondern gelagert. Die geplante Brütertechnologie ist auf einen entsprechenden Vorrat an Plutonium als spaltbares Material angewiesen. Vereinfacht formuliert: ohne Leichtwasserreaktoren kein Brütergeschäft. Die zuweilen geäußerte Meinung, Plutonium aus Leichtwasserreaktoren sei zur Herstellung von Nuklearwaffen absolut nicht geeignet, ist falsch.

• *Atommüll.* Das ist kein fester Stoff, sondern eine stark salpetersaure Lösung der Spaltprodukte. Diese Flüssigkeiten werden auf Tankanlagen (Abb. 28) in Edelstahlbehältern mit einem Fassungsvermögen von ca. 100 000 Litern aufbewahrt (Lindop & Rotblat 1971). Die Abtrennung einzelner industriell nutzbarer Radionuklide aus den Spaltprodukten hat auf das Abfallproblem mengenmäßig keinen Einfluß und wird darüber hinaus wegen der teuren Verfahren nur bei kostendeckender Vermarktung vor-

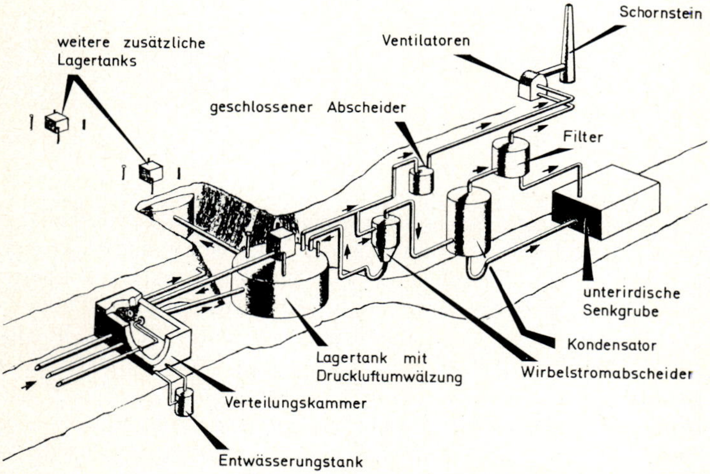


Abb. 28: Lagertanks für radioaktive Abwässer hoher spezifischer Aktivität, d. h. den Atommüll (nach Rodger & Fineman 1957).

genommen. Die hohe Aktivität von 1000–3000 Curie pro Liter und die von Wasser absorbierte Energie des radioaktiven Zerfalls bewirkt eine intensive Selbsterhitzung.

Ohne Abfuhr der Zerfallswärme (bis über 10 kcal pro Stunde je Liter) würde die Salpetersäure innerhalb von 4–8 Tagen völlig verkochen und der trockene Rückstand zu glühen beginnen und schmelzen. Die Lagertanks benötigen daher eine andauernde Kühlung. Eine Preßluftumwälzung muß verhindern, daß sich feste Bestandteile am Boden absetzen und der Behälterinhalt durch örtliche Überhitzung explosionsartig verdampft. Durch Strahlenkorrosion und Säureeinwirkung werden die Tankwandungen angegriffen und schließlich undicht – der Atommüll muß periodisch umgelagert werden[1]. Da die Lebensdauer seiner Radioaktivität die damit befaßten Institutionen zeitlich um ein Vielfaches übertrifft, erheben sich im Fall ihrer Reorganisation oder Auflösung die über die technischen Probleme weit hinausreichenden Fragen von Zuständigkeit, Verantwortung und Finanzierung für das verbleibende «Abfall-Management».

• *Mittel- und niedrigaktive Abfälle mit langlebigen Radionukliden hoher Radiotoxizität*, insbesondere Rückstände aus den Labors und der Aufarbeitung, die Plutonium und nicht unwesentliche Mengen anderer alphaaktiver Radionuklide der Transuranreihe enthalten. Sie sind radiobiologisch sehr gefährlich und dürfen bei der Betrachtung der Langzeitprobleme weder vergessen, noch darf ihre Gefährlichkeit neben der von Strontium-90 und Caesium-137 in den Hintergrund gestellt werden (Krawczynski 1967).

Wegen der langen Halbwertszeit von Plutonium-239 – 24 400 Jahre – müssen diese Abfälle mehrere 100 000 Jahre von den Lebewesen und Nahrungskreisläufen ferngehalten werden. Von den technologischen Schwierigkeiten einer solchen Lagerhaltung zunächst abgesehen, bedeutet dies zumindest, daß der Ort der Deponierung in diesem Zeitraum nicht vergessen werden darf. Daß diese «heiße Ware» gegenwärtig zuweilen noch unter der euphemistischen Bezeichnung «Versuchsversenkung» ins Meer geworfen wird, ist für die *Praxis* des Strahlenschutzes bezeichnend.

---

[1] Die Praxis zeigt, daß diese Maßnahmen oft erst dann getroffen werden, wenn bereits große Mengen radioaktiver Lösungen durch undichte Stellen in den Tanks ausgelaufen und im Boden versickert sind (z. B. Gillette 1973).

In den Anfängen der Kernenergieentwicklung war man sogar der Ansicht, man könne den gesamten Atommüll – nach Abtrennung von Strontium-90 und Caesium-137 und einer 13 Jahre langen Zwischenlagerung – direkt in die Meere entlassen (Glueckauf 1955). Die Halbwertszeiten der anderen Spaltprodukte sind (von mehreren Ausnahmen abgesehen) im allgemeinen kürzer und ihre biologische Wirksamkeit wurde so niedrig angesetzt, daß ihre Konzentration im Meer – auch bei einer Ausweitung der Kernindustrie – für längere Zeit unter den ICRP-Höchstwerten verbleiben würde.

Bei einer Reihe von Versuchen wurden Behälter mit aktivem Abfall in Tiefseegräben versenkt; man setzte voraus, daß in genügender Tiefe die Meeresschichten stabil sind, und die Spaltprodukte im Wasser sich nur langsam verteilen, soferne die Behälter unter dem Einfluß ionisierender Strahlung und des aggressiven Seewassers undicht werden. Dennoch gelangten und gelangen radioaktive Stoffe in die Biozyklen. Von Feldt (1968) wurden im Rahmen von Untersuchungen des Atlantiks radioaktiv kontaminierte Tiefseeorganismen nachgewiesen. Nachdem durch internationale Übereinkommen (Seerechtskonvention der Vereinigten Nationen 1958) die Verseuchung der Meere mit chemischen Stoffen und radioaktiven Substanzen verboten wurde, ist die Meeresablagerung des Atommülls in großem Stil zurückgegangen.

Unter der Annahme einer kontinuierlichen Weiterentwicklung der Kernenergieerzeugung sind im Jahr 2000 täglich 3000 kg Spaltprodukte bzw. 2,4 Milliarden Curie nach 100 Tagen Abklingzeit zu erwarten (Krawczynski 1967), d. h. jährlich fallen Spaltprodukte mit einer Aktivität von rund einer Billion Curie an. Das ist allein innerhalb dieses einen Jahres das Doppelte der heutigen natürlichen Radioaktivität aller Meere zusammen.

Diese Spaltproduktmengen haben schon sehr früh nach Lagerungsmethoden mit niedrigen Kosten suchen lassen. Unter der Bezeichnung «Hope-Projekt» untersuchten Charpie et al. (1954) die Möglichkeit, in offenen, kiesgefüllten Wannen von 110 m Durchmesser und 10 m Tiefe, die mit Bitumen und Kunststofffolien gegen das Grundwasser abgedichtet sind, hochaktive Abwässer zu lagern. Wegen der Gefahr, daß der Atommüll durch Überschwemmungen in die Biosphäre freigesetzt wird, und der schwierigen Frage der Standortwahl wurde das Projekt nicht weiter verfolgt.

Der Verzicht auf die Realisierung dieses wahnwitzigen Projektes bedeutet jedoch keineswegs, daß die später praktizierten Methoden der Abfallagerung zufriedenstellend wären.

So hat eine Studie, die auf Antrag der USAEC 1966 erstellt, aber erst 1970 – nach massiven Interventionen zweier Senatoren – freigegeben wurde, bezüglich der geologischen Aspekte der Abfallagerung ergeben, daß

– keine einzige der in Verwendung stehenden Abfalldeponien der AEC sich in einer geologisch befriedigenden Lage befindet und daß
– die gegenwärtig geübten Praktiken der Beseitigung mittel- und niedrigaktiver Flüssigkeiten und aller Arten festen Abfalls direkt in den Boden auf lange Sicht die Umwelt verseuchen werden (NAS-Report 1966).

Zur Langzeitlagerung des aktiven Abfalls sind gegenwärtig eine Vielzahl von Verfahren (Eindampfen bzw. Kalzinieren der Lösungen, Einschluß in Bitumen oder Beton, Herstellung keramischer oder glasartiger Massen, usw.) im Gespräch. Sie haben den Grundgedanken gemeinsam, die Spaltproduktlösungen zu verfestigen, um die Auslaugbarkeit der eingeschlossenen Stoffe zu verringern und die Zerfallswärme gefahrlos abzuleiten. Den einzelnen Verfahren haften aber spezifische und zum Teil typische Mängel an, sei es, daß bei den hohen Verarbeitungstemperaturen die Radioisotope leicht flüchtiger Elemente entweichen und einer Sonderbehandlung unterworfen werden müssen, sei es, daß die Verfestigung mit einer zu starken Volumenvergrößerung – verglichen mit dem Spaltprodukt- bzw. Brennstoffvolumen – verbunden ist und dergleichen mehr. Obzwar die Wärmeentwicklung verfestigten Abfalls zu gering ist, um sie wirtschaftlich nutzen zu können, ist seine Lagerung nicht unproblematisch, wenn die dauernde Wärmeabfuhr nicht sichergestellt ist. Bis vor wenigen Jahren glaubte man noch, in der Deponie in stillgelegten Salzbergwerken die optimale Lösung zur Endlagerung des Atommülls und des radioaktiven Schrotts, wie er bei der Stilllegung eines Kernkraftwerkes anfällt, gefunden zu haben.

Als entscheidender Vorteil wurde angesehen, daß die Salzlager offensichtlich Millionen von Jahren überdauert haben, ohne vom Grundwasser angegriffen worden zu sein. Daraus wurde geschlossen, daß sie auch in der Zukunft sicher sein würden. Dieser Optimismus ist aber in den letzten Jahren der Erkenntnis gewichen, daß man über die zukünftige Sicherheit von Salzbergwerken, in denen einmal von Menschen gearbeitet worden ist, keine Aussagen mehr machen kann (Pohl 1974).

In den Vereinigten Staaten ist ein Wandel in der Einstellung zu den verschiedenen Möglichkeiten der Abfallagerung zu beobachten. Man geht in verstärktem Maß wieder dazu über, den Abfall in trockenen Gebieten oberirdisch zu lagern, da die einzelnen Lagerpositionen leichter zugänglich und besser zu kontrollieren sind. Es darf aber nicht übersehen werden, daß in absehbarer Zeit die für eine Dauerlagerung notwendigen Erfahrungen nicht gewonnen werden können (Alfven 1972) und Fehlschläge ein unabsehbares Ausmaß und katastrophale Konsequenzen haben. Eine große nukleare Katastrophe hat sich bereits vor etwa 20 Jahren in der Sowjetunion ereignet (siehe Seite 86 f.).

Alle diese Probleme haben zur Folge, daß ein großtechnisch praktizierbares und einheitlich anerkanntes Verfahren zur Abfallbehandlung – das nicht gleichzeitig durch prohibitive Kosten die Nutzung der Kernenergie verhindert – nicht in Aussicht ist. Spekulative Verfahren zur Beseitigung des radioaktiven Abfalls, z. B. mittels Raketen in den Weltraum oder in die Sonne, haben als hypothetische Expertenvisionen bestenfalls Propagandawert. Sie sind jene Tarnwand, hinter der die realen Schwierigkeiten der Gegenwart und der absehbaren Zukunft verborgen werden.

Das gesamte Atomenergie-Programm repräsentiert einen Faustischen Handel[1], in dem für kurzfristigen Energiegewinn auf längere Sicht die permanente radioaktive Verseuchung der Erde eingetauscht wird (Norman 1974 b).

### 3.2.4. Strahlenbelastung aus der Atomindustrie

Ist es schon schwierig, genaue Angaben über das Ausmaß der gegenwärtigen Strahlenbelastung aus industriellen Quellen zu machen, so sind quantitative Angaben über zukünftige Auswirkungen hochgradig spekulativ. Häufig werden optimistische Visionen verbreitet, wonach die Strahlenbelastung aus einer vollentwickelten Kernindustrie für die Energieproduktion durchschnittlich weniger als 1 mrem pro Jahr betragen würde. Das wird im Vergleich mit der natürlichen Strahlung und ihren regionalen Schwankungen als vernachlässigbar bezeichnet. So gibt Cohen (1976) für den Fall, daß in den USA die gesamte Elektrizität aus Kernspaltung erzeugt

[1] Der Begriff «Faustian Bargain» findet sich bei Weinberg (1972) in einer makaber-euphemistischen Zukunftsvision.

würde, eine durchschnittliche jährliche Strahlendosis von 0,23 mrem als Folge der Routineemissionen an. Diesen Wert stellt er dann Strahlenbelastungen aus anderen Quellen – wie Uhrenleuchtzifferblätter, Flugreisen und Fernsehen – gegenüber, die in der gleichen Größenordnung oder darüber liegen. Die daraus abgeleiteten Risikovergleiche sind eindrucksvoll: Die Gefahr der Kernenergie für die Gesundheit entspricht dem Rauchen von einer Zigarette alle 10 Jahre, einem 16stündigen Aufenthalt in einer Großstadt, einer Fahrt von 3 Meilen pro Jahr in einem kleinen statt in einem großen Auto, oder einem Übergewicht von 150 Gramm. Cohen geht sogar so weit, die Kernspaltungstechnologie als eine Methode zu bezeichnen, die, langfristig betrachtet, das Radioaktivitätsinventar der Erde verringert, indem sie langlebiges Uran in relativ kurzlebige Spaltprodukte umwandelt. Solche Vergleiche und Sophismen werden der Vielschichtigkeit des Atomenergieproblems nicht gerecht, sie lenken vielmehr davon ab und dienen einzig der Kernenergiepropaganda, von der sie begierig aufgegriffen werden.

Für eine Menschheit, die zunehmend Gesundheitsschäden – in erster Linie irreparable Erbdefekte infolge einer durch radioaktive Verseuchung verschärften toxischen Gesamtsituation (Eichholtz 1956) – zu tragen hat, kann es schwerlich ein Trost sein, wenn die radioaktive Umgebungsstrahlung in einigen Jahrhunderttausenden unter die heutigen Werte abklingen würde. Das wäre übrigens kaum zu erwarten, da die Kerntechnik nur die meist tiefliegenden reichhaltigen Uranerzlager ausnützen würde, deren Radioaktivität den Menschen kaum belastet und in denen die Folgeprodukte des Uranzerfalls mineralisch gebunden bleiben.

Erst durch den Uranbergbau gelangen erhebliche Mengen zum Teil langlebiger natürlicher Radionuklide (siehe Seite 16, 65 f.) aus solchen Lagerstätten in die Biosphäre. Sie sind deshalb als Folge des nuklearen Brennstoff-«Kreislaufes» zu betrachten.

Die Angabe der jährlichen Strahlenbelastung aus freigesetzten Radionukliden vernachlässigt die Langfristigkeit der Strahlenwirkung und täuscht daher geringe Effekte vor. Dies wird vermieden, indem das «dose commitment» (die integrale Bevölkerungsdosis) ausgedrückt in man-rem (siehe Seite 12) unter Beachtung des gesamten Zerfallszeitraumes des betreffenden Nuklids zu berechnen versucht wird. Daraus ergibt sich, daß bisher bei der Dosisabschätzung kaum oder gar nicht berücksichtigte Nuklide, wie das Radon-222, das ständig aus den Abfallerzhalden entweicht, oder der Radiokohlenstoff eine wesentliche Bedeutung gewinnen.

Seit wenigen Jahren erst ist bekannt, daß in Kernkraftwerken

Kohlenstoff-14 entsteht. Leichtwasserreaktoren von 1000 MWe erzeugen jährlich etwa 30 Ci Kohlenstoff-14, gasgekühlte Hochtemperaturreaktoren ungefähr das fünffache. In der Praxis wird gegenwärtig der Kohlenstoff-14 aus den Kraftwerken und Wiederaufarbeitungsanlagen in Form von Kohlenmonoxid CO und Kohlendioxid $CO_2$ (Pohl 1976 b) sowie in Form von Methan $CH_4$ und Äthan $C_2H_6$ (Kunz et al. 1974) vollständig freigesetzt. Martin & Fry (1974) geben für jedes freigesetzte Curie Radiokohlenstoff ein «dose commitment» der Weltbevölkerung von 30 man-rem (Berechnung für 30 Jahre) und 400 man-rem (Berechnung ohne zeitliche Begrenzung) an. Damit übertrifft seine Schadwirkung die bisher fast ausschließlich diskutierte von Krypton-85 und Tritium um das 20 bis 400fache. Dies macht deutlich, daß die seit Jahren aufgestellte Behauptung, die Schadwirkung der Kernindustrie sei genau bekannt – vorsichtig ausgedrückt – unwahr ist.

Unter Annahme einer weltweiten Kernenergieproduktion von $2 \times 10^7$ MWe im Jahr 2100 überschreitet die Kohlenstoff-14-Produktion in den Kraftwerken die natürliche Entstehungsrate ungefähr um das 20fache, und die kumulative Energieerzeugung von ungefähr $10^9$ Megawatt-Jahren elektrischer Nettoleistung hätte das gesamte Kohlenstoff-14 Inventar der Erde um rund 15 % erhöht. Die daraus resultierenden Gesundheitsschäden sind zwar nicht zu vernachlässigen, wären aber nicht mehr zu vermeiden (Pohl 1976 b).

Die offiziellen Berichte von Behörden, z. B. des Bundesministeriums des Inneren der BRD, wonach die Strahlenbelastung der Bevölkerung aus kerntechnischen Anlagen vernachlässigbar klein ist und weit unter den höchstzulässigen Grenzwerten bleibt, sind mit Vorsicht aufzunehmen. Die von freigesetzten Radionukliden verursachte Strahlenbelastung der Bevölkerung wird nicht gemessen, sondern nach komplexen Formeln kalkuliert, in die zahlreiche Parameter eingehen. Zur Berechnung der von den Abgasen verursachten Dosen sind unter anderem folgende Faktoren von Bedeutung:

- Menge und Radiotoxizität der emittierten radioaktiven Gase und Aerosole
- Nuklidzusammensetzung der Emissionen
- Meteorologische Ausbreitung und Verdünnung
- Ablagerung auf Pflanzen und Boden
- Verhalten der Radionuklide und ihrer Folgeprodukte in Pflanzen und Boden
- Zufuhr und Ausscheidung der Radionuklide bei Pflanzen und Tieren (siehe auch Kapitel 4.4.2.)

- Verteilung der Radionuklide in den Organen und landwirtschaftlichen Produkten (z. B. Milch, Fleisch usw.)
- Ernährungsgewohnheiten der Bevölkerung
- Verhalten der Radionuklide im menschlichen Körper
- Strahlungsenergie der Radionuklide und ihrer jeweiligen radioaktiven Folgeprodukte.

Die deutsche Strahlenschutzverordnung schreibt vor, daß die Berechnung der Strahlenbelastung «für die ungünstigste Einwirkungsstelle» vorzunehmen ist und damit auf der sicheren Seite zu liegen hat. Seit einiger Zeit besteht Grund zur Annahme, daß die Kerntechnik in der Praxis dieser sehr wichtigen gesetzlichen Vorschrift nicht gerecht wird. Die von der deutschen Strahlenschutzkommission empfohlenen Transferfaktoren einiger wichtiger Radionuklide sind außerordentlich optimistisch. Realistische Annahmen führen zu dem Ergebnis: Die heute zugelassenen Emissionsraten deutscher Kernkraftwerke können eine Überschreitung der in der Strahlenschutzverordnung festgesetzten, höchstzulässigen Dosen für Einzelpersonen der Bevölkerung bewirken (Teufel 1977). Daß Überschreitungen der höchstzulässigen Werte tatsächlich auch verzeichnet wurden, geht aus einer Analyse der amtlichen Umgebungsüberwachung um das Kernkraftwerk Obrigheim/Neckar hervor (Teufel 1976). Zu besonderen Bedenken veranlaßt in diesem Zusammenhang die Verschleierungstaktik der zuständigen amtlichen Instanzen.

Wie bereits in Kapitel 3.2.3. erwähnt, setzen die Wiederaufarbeitungsanlagen weitaus größere Mengen radioaktiver Stoffe frei. In der Anlage La Hague (Normandie) und Windscale (North Cumberland) werden die Standortvorteile bedenkenlos ausgenützt, indem erhebliche Aktivitäten mit Abwässern ins Meer geleitet werden. Abb. 29 zeigt den Weg, den die radioaktiven Abwässer der Wiederaufarbeitungsanlagen nehmen und läßt erkennen, daß die Radioaktivität nicht rasch verdünnt wird, sondern in seichte küstennahe Bereiche der Nordsee verdriftet wird. Von 1969 bis 1976 wurden mehr als 500 000 Ci Caesium-137 und ungefähr 100 000 Ci Caesium-134 in die Irische See abgelassen. Es wird geschätzt, daß europäische Fischkonsumenten allein aus dem Caesium-137 dieses Zeitraumes mit einer Bevölkerungsdosis von ca. 300 000 man-rem belastet werden.

Trotz Verdünnung im Meerwasser kommt es zu beachtlichen Anreicherungen in Fischen. 1971 wurde an Schollen der Windscale-Region pro Kilogramm folgende Maximalwerte gemessen:

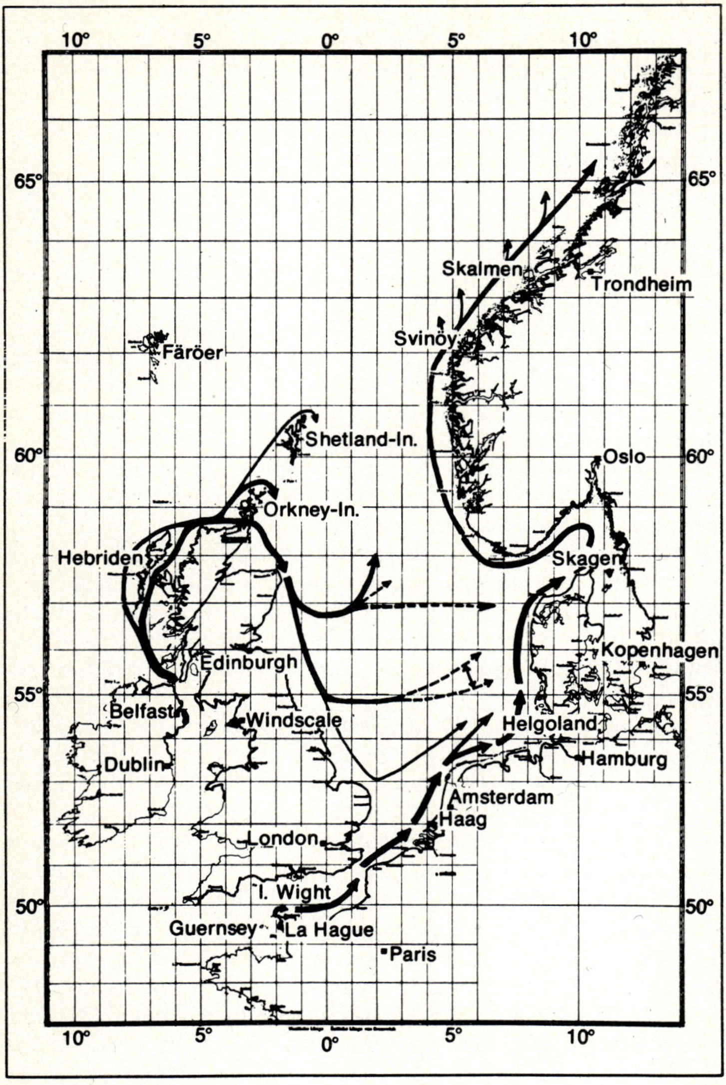


Abb. 29: Transportwege von Caesium-137 (nach Aktivitätsverteilungsmessungen der Jahre 1971–1976). Die gestrichelten Pfeile deuten variable Transportrichtungen an (nach Kautsky 1977).

2 000 pCi Strontium-90
1 600 pCi Caesium-137
2 600 pCi Caesium-134
12 000 pCi Ruthenium-106

Aus dem Verzehr kontaminierter Fische ergeben sich die in der folgenden Tabelle angegebenen Strahlendosen:

Tab. 13: Strahlenbelastung in der Windscale-Region auf dem Wege über Fischverzehr (Scholle) im Jahr 1971, in mrem (nach Thompson 1977)

<table>
<tr><th>Radionuklid</th><th>kritisches Organ</th><th>mittlere Verzehrrate mittlere Kontamination</th><th>maximale Verzehrrate mittlere Kontamination</th><th>maximale Verzehrrate maximale Kontamination</th></tr>
<tr><td>Sr-90</td><td>Knochen</td><td>640</td><td>1700</td><td>5080</td></tr>
<tr><td>Cs-137</td><td>Ganzkörper</td><td>54</td><td>140</td><td rowspan="2">368</td></tr>
<tr><td>Cs-134</td><td>Ganzkörper</td><td>13</td><td>35</td></tr>
<tr><td>Ru-106</td><td>Magen-Darm-Trakt</td><td>123</td><td>342</td><td>709</td></tr>
</table>

Nicht nur in Fischen kommt es zu bedenklichen Kontaminationen, sondern auch in anderen Meeresorganismen. Der wegen seines hohen Protein- und Vitamingehaltes geschätzte Porphyrtang, der zu Broten verarbeitet wird, reichert Ruthenium-106 stark an und erreicht in der Gegend von Windscale pro Kilogramm mehr als 300 000 pCi! Um zu verhindern, daß die höchstzulässigen Dosen für den Magen-Darm-Trakt überschritten werden, muß dem Tang dieser Region die vierfache Menge aus entfernten Gegenden zugesetzt werden. Muscheln erreichen mehr als 250 000 pCi pro Kilogramm und sind deshalb ebenfalls zur direkten Nutzung nicht mehr geeignet.

Wegen ihrer langen Halbwertszeit und hohen Radiotoxizität verdienen die alphaaktiven Transurane besondere Beachtung. Die höchstzulässigen jährlichen Abgaberaten dieser Nuklide aus der Windscale-Anlage* wurden 1970 von 1800 auf 6000 Ci erhöht.

---

* Das Reaktorzentrum Calder Hall und die durch den Reaktorunfall bekannt gewordene Windscale-Anlage gehen unmittelbar ineinander über. Die Grenze bildet ein schmales Rinnsal, das zwischen beiden Werksgeländen – teils überdeckt – hindurchführt und sie symbolisch trennt.

Wie leicht solche – enorm hohe – Grenzwerte umgangen werden, zeigt sich an folgendem Beispiel: Allein im Jahr 1974 wurden 35 000 Ci des betaaktiven Nuklids Plutonium-241 freigesetzt, dessen Tochterprodukt Americium-241 aber ein Alphastrahler mit 460 Jahren Halbwertszeit ist. Die Sedimente im künstennahen Bereich der Anlage enthalten bereits etwa 100 kg Plutonium-239. Die Beurteilung der gesundheitlichen Risiken durch diese Kontamination des Strandes mit Plutonium hat sich bisher hauptsächlich auf die äußere Bestrahlung beschränkt, der Inhalationspfad hingegen ist bislang unberücksichtigt geblieben.

Gerade in der Plutoniumfrage stehen die praktischen Erfahrungen mit den optimistischen offiziellen Prognosen in scharfem Widerspruch. So gibt die Atom-Energie-Kommission der Vereinigten Staaten eine Emission von 0,01 Ci an Transuranen aus dem Brennstoff-Kreislauf von Leichtwasserreaktoren pro 1000 MWe und Jahr an (WASH-1248). Das würde bei einer Plutoniumverarbeitung von ca. 35 000 Ci pro Gigawattjahr elektrischer Nettoleistung einer Rückhaltung von 99,99997 % entsprechen. Die Erfahrungen sehen aber anders aus: In Großbritannien wurden aus verbrauchten Brennelementen, die 30 t Plutonium enthielten, nur 98,3 % zurückgewonnen. 0,4 % befinden sich im hochaktiven Abfall, der auf eine «Endlagerung» wartet, 0,3 % wurden ins Meer abgeleitet und 1 % sind in verschiedenen Formen fester Abfälle enthalten. Von 2000 kg verarbeitetem Plutonium wurden in der amerikanischen Anlage West Valley 97,6 % wiedergewonnen, 1,86 % werden in hochaktiven flüssigen Abfällen gelagert, 0,2 % wurden mit kontaminierten Geräten vergraben und 0,34 % sind nicht genau lokalisierbar (Pohl 1976 a) Die Plutoniumrückhaltung von etwa 99,7 % in der Praxis ist daher mindestens um den Faktor 10 000 schlechter, als der oben zitierte offizielle Bericht angibt.

Bei der Beurteilung der Strahlenbelastung aus der Kerntechnik muß auch diejenige der beruflich strahlenexponierten Personen mit einbezogen werden, da ihre Zahl mit der Expansion dieser Industrie ständig wächst. Erfahrungsgemäß steigt mit dem Alter kerntechnischer Anlagen nicht nur ihre radioaktive Kontamination und damit der Strahlenpegel insgesamt, sondern auch ihre Reparaturanfälligkeit. Die Strahlenbelastung des Personals nimmt daher ständig zu, wie das z. B. die folgende Tabelle an drei japanischen kommerziellen Atomkraftwerken zeigt:

Tab. 14: Strahlenbelastung des Personals in Atomkraftwerken in manrem (nach Gensuikin News 1976)

| Betriebsjahr | AKW Tsuruga | AKW Fukushima 1 | AKW Mihama 1,2 |
|---|---|---|---|
| 1969 | 20 | | |
| 1970 | 250 | | 78 |
| 1971 | 440 | 220 | 361 |
| 1972 | 590 | 470 | 626 |
| 1973 | 629 | 870 | 1058 |
| 1974 | 860 | 1050 | 779 |
| 1975 | | 1745 | |

Um das Betriebspersonal bei Reparaturen und Dekontaminationsarbeiten nicht in kurzer Zeit bis zu den gesetzlich zugelassenen Höchstwerten zu belasten – und damit seine Arbeitskraft zu verlieren – werden für solche radiologisch schmutzige Arbeiten «nukleare Taglöhner» angeworben, die in der Regel unzulänglich ausgebildet und unzureichend über die Strahlenrisiken informiert sind (Weish & Gruber 1975). Eine rasch expandierende Atomindustrie würde über ein wachsendes Heer von Strahlenarbeitern einen außerordentlich schwierig – wahrscheinlich sogar überhaupt nicht – kontrollierbaren Beitrag zur Strahlenbelastung der gesamten Bevölkerung leisten.

Bisher wurden in diesem Kapitel ausschließlich Routineemissionen und Routinebelastungen behandelt. Das zentrale Problem der Kernindustrie liegt jedoch darin, daß das erzeugte radioaktive Material verläßlich – im räumlichen und zeitlichen Sinn – von der Biosphäre abgesondert bleibt. Eine der wichtigsten Fragen im Zusammenhang mit dem Ausbau der Kernindustrie bezieht sich auf die Verläßlichkeit der technischen Vorkehrungen, die das Entweichen größerer Mengen radioaktiver Stoffe in die Umwelt verhindern sollen. Es besteht kein Zweifel daran, daß selbst mit den raffiniertesten technischen Maßnahmen absolute Sicherheit nicht zu erreichen ist. Die Antwort auf die Frage, ob das verbleibende sogenannte Restrisiko akzeptabel niedrig ist, hängt von der Betrachtungsweise ab. In der Diskussion um das Risiko wird stets die Formel angeboten:
Risiko = Schadenspotential × Eintrittswahrscheinlichkeit.

Da jede auch noch so große Zahl mit Null multipliziert, Null ergibt, ist es mit Hilfe dieser Formel möglich, unter Hinweis auf eine angeblich an Null grenzende Eintrittswahrscheinlichkeit großer Unfälle kerntechnischer Anlagen, das Risiko als vernachlässigbar klein zu bezeichnen. Andererseits aber ergibt die Multiplikation von Unendlich mit einer auch noch so kleinen Zahl Unendlich. Faßt man das Schadenspotential großer nuklearer Unfälle als unakzeptabel groß (für menschliche Begriffe daher so gut wie unendlich) auf, so besteht selbst bei sehr geringer Eintrittswahrscheinlichkeit ein unannehmbar großes Risiko. Die auf den ersten Blick praktisch erscheinende Formel erweist sich somit als unbrauchbar – es besteht das sogenannte «zero-infinity-dilemma».

Die aufwendige Reaktorsicherheitsstudie WASH-1400 (Rasmussen 1974) über das Unfallrisiko von Leichtwasserreaktoren war in den letzten Jahren Gegenstand vernichtender Kritik. Es wurden nicht nur gravierende Unterlassungen und Risikofehleinschätzungen nachgewiesen (APS 1975), sondern es wurde außerdem aufgedeckt, daß von Anfang an die Nuklearindustrie daran mit dem Ziel mitgearbeitet hat, ein niedriges Risiko vorweisen zu können (Ford 1977, Shapley 1977).

Dem Versprechen der großen Sicherheit der kerntechnischen Einrichtungen wurde damit eine, sowohl was ihren Umfang als auch Inhalt betrifft, gewichtige Basis entzogen. Das Schadenspotential ist hingegen – insbesondere bei Wiederaufarbeitungsanlagen – unabsehbar. So kann der Ausfall der Kühlung in einem Lager verbrauchter Brennelemente – und die neutronenabsorbierenden Zusätze sind dabei noch gar nicht berücksichtigt – etwa durch Sabotage, zum Verdampfen des Wassers, Schmelzen der Brennstäbe und dem Freiwerden der bei höheren Temperaturen flüchtigen Spaltprodukte führen. Die freigesetzten strahlenden Stoffe würden ausreichen, ein Gebiet von der Größe Mitteleuropas so stark zu verseuchen, daß seine Bewohner allein während eines Jahres über die Nahrungsaufnahme eine Ganzkörperdosis von mehr als 5 rem und eine drei Mal so hohe Knochendosis erhalten können. Davon abgesehen müssen große Gebiete evakuiert werden und weit darüber hinaus wäre auf Jahre und Jahrzehnte die agrarische Nutzung unmöglich. Das Vernichtungspotential der Atomenergie – auch als sogenannte friedliche Nutzung – sprengt jeden Rahmen der bisher bekannten Gefährdungsmöglichkeiten des Menschen durch die Technik (BBU 1977).

Eine nukleare Großkatastrophe hat sich bereits 1957/58 in der UdSSR zwischen Chelyabinsk und Sverdlovsk ereignet, wurde aber geheimgehalten. Die Ursache ist nicht bekanntgegeben worden, wahrscheinlich hat eine Explosion in einem Abfallager stattgefunden. Die Folgen waren verheerend. Medwedew (1977) hat aus zahlreichen radioökologischen Publikationen die näheren Umstände rekonstruiert. Ungefähr tausend Quadratkilometer waren so stark verseucht, daß sie geräumt werden mußten. Um die Rückkehr evakuierter Bewohner dieser Region zu verhindern, sind Dörfer und Kleinstädte zerstört worden. Mehrere Seen waren stark radioaktiv verseucht, einer davon mit etwa 50 Millionen Curie Strontium-90. Wie viele Menschen der Strahlung zum Opfer gefallen sind, ist nicht bekannt.

Mit dem Ausbau der Atomindustrie werden – ungewollt, aber unvermeidlich – die nächsten nuklearen Katastrophen vorbereitet.

## 4. Strahlenwirkung auf die Biosphäre

Energiereiche Strahlung beeinflußt – zumindest im Prinzip – alle Phänomene des Lebens, weshalb eine Darstellung der biologischen Strahlenwirkung die meisten Disziplinen der Biologie berührt. Da die Strahlenbiologie zahlreiche spezielle Probleme behandelt und der Aspekt der Strahlenwirkung stets im Vordergrund steht, ist es nicht leicht, sie in das System der biologischen Fachrichtungen einzuordnen. Wenn auch die folgende Einteilung nicht voll befriedigt, so hat sie doch eine gewisse Berechtigung (Polikarpov 1966 a):

| | |
|---|---|
| Biologie | Strahlenbiologie |
| Ökologie | Radioökologie |
| Physiologie, | Strahlenphysiologie, |
| Embryologie, | Strahlenembryologie, |
| Genetik usw. | Strahlengenetik usw. |
| Biochemie | Strahlenbiochemie |
| Biophysik | Strahlenbiophysik |
| Chemie | Radiochemie und Strahlenchemie |
| Physik | Kernphysik |

Diese Isolierung von den herkömmlichen Bereichen ist vor allem praktisch begründet, da die Strahlenforschung in eigenen Forschungszentren betrieben wird, sich eigene Publikationsorgane geschaffen hat und darüber hinaus diese Disziplinen vorwiegend auf eine Anwendung hin orientiert sind.

Das Verständnis strahlenbiologischer Vorgänge wurde wesentlich durch die Einführung des Trefferprinzips gefördert, das die diskontinuierliche Natur der Wechselwirkung ionisierender Strahlung mit Materie widerspiegelt. Wird von einem schnellen Teilchen in einem definierten Volumen, dem Wirkungsvolumen, Energie abgegeben, spricht man von einem Treffereignis. Von jedem Punkt des Wirkungsvolumens kann die Energie den Wirkungsort erreichen, ohne daß die Wirkungsschwelle infolge von Verlusten unterschritten wird. Am Wirkungsort wird jener Teil einer physikochemischen Einheit (DNS, Protein usw.) verändert, der dann den untersuchten Effekt auslöst (Timofeeff-Ressovsky et al. 1972).

Die Energieabsorption kann sowohl unmittelbar in einem Biomolekül erfolgen und zu dessen Veränderung führen, als auch in dessen Umgebung, z. B. im Zellwasser. In diesem Fall wird die Strahlung mittelbar über energiereiche Zwischenprodukte, wie angeregte und ionisierte Moleküle, Radikale, Peroxyde usw., in Biomolekülen bzw. Zellstrukturen wirksam. In der Praxis ist bei lebenden Organismen eine Unterscheidung zwischen diesen beiden Mechanismen nicht möglich.

Die physikalische Phase der Energieabsorption und die darauffolgende chemische Phase der Strahlenwirkung laufen in wenigen Millionstel Sekunden ab. Daran schließt sich die biologische Phase an, die sich von der Bestrahlung bis zum beobachtbaren biologischen Effekt erstreckt; sie ist wesentlich länger und kann unter Umständen viele Jahre dauern.

Neben der klassischen Strahlenbiologie, die sich mit der Schädigung höherer Organismen befaßt, ist in den letzten Jahren die molekulare Strahlenbiologie in den Vordergrund getreten. Das Ziel dieser Forschungsrichtung ist die Aufklärung der molekularen Aspekte der Strahlenwirkung; sie bedient sich dabei möglichst einfacher Versuchsobjekte, wie Biomoleküle, Viren, Mikroorganismen. Ihre Erkenntnisse sind für das Verständnis der Strahlenwirkung auf höhere Organismen von Bedeutung, jedoch müssen die Besonderheiten der einfachen Modellsysteme berücksichtigt werden.

## 4.1. Biomoleküle

Zu Biomolekülen sind alle jene organischen Stoffe zu zählen, die am Aufbau oder Stoffwechsel der Organismen beteiligt sind; trotz der überaus großen Zahl organischer Verbindungen sind nur wenige Stoffklassen im Organismenreich mit seiner großen morphologischen und physiologischen Mannigfaltigkeit vertreten, dafür aber auch sehr weit verbreitet – ebenso wie wesentliche Reaktionsschritte im Stoffwechsel. So wird unter anderem die Proteinbiosynthese bei allen Organismen von den Desoxyribonukleinsäuren (DNS) als Trägern der Erbinformation gesteuert. Mit dem funktionellen Zusammenhang befaßt sich die Molekularbiologie.

Eine Sonderstellung unter den Biomolekülen nehmen alle jene ein, von denen Steueraufgaben erfüllt werden. Von diesen Molekülen ist in den Zellen nur eine relativ geringe Zahl vorhanden, im Extremfall sogar nur ein Molekül pro Zelle. Ihre Veränderung – sei es nun direkt durch Strahlung oder indirekt durch Wechselwirkung mit toxischen strahlenchemischen Folgeprodukten – ist für die Schädigung der Zelle im wesentlichen verantwortlich. Die komplizierte Raumstruktur vieler hochmolekularer Proteine (Enzyme), Voraussetzung für ihre Stoffwechselfunktion, wird ebenfalls bereits von vergleichsweise sehr geringen Energiemengen gestört.

Der DNS-Doppelstrang wird von vier Nukleotiden mit den 4 Basen Adenin, Thymin, Cytosin, Guanin aufgebaut, und von den Wasserstoffbrücken zwischen den Basen Adenin und Thymin (zwei Wasserstoffbindungen) bzw. Cytosin und Guanin (drei Wasserstoffbindungen) zusammengehalten. Die lineare aperiodische Aufeinanderfolge (Sequenz) dieser Nukleotide beinhaltet in verschlüsselter Form die Erbinformation. Vor der Zellteilung werden die Wasserstoffbrücken getrennt, die Komplementärnukleotide lagern sich an und werden zu jeweils einem neuen DNS-Strang verbunden (identische Reduplikation). Dieser Mechanismus garantiert den gleichen Informationsgehalt in jeder der Tochterzellen.

Etwa 900–1500 Nukleotide des DNS-Stranges bilden eine funktionelle Einheit, ein Gen, und steuern die Biosynthese bestimmter Aminosäureketten (Proteine). Die dazu notwendige Information wird auf eine Ribonukleinsäure, die Boten-RNS, übertragen (Transskription). Die Basenfolge der Boten-RNS wird gemäß dem genetischen Code von der Transfer-RNS in die Sequenz der Aminosäuren im Proteinmolekül umgesetzt (Translation). Der genetische Code ist ein Übersetzungsschema, das drei benachbarten Nukleotiden jeweils eine der zwanzig Aminosäuren zuordnet.

Unter dem Einfluß ionisierender Strahlung wird der Informationsgehalt dieser Steuerungseinheiten verändert, verringert oder vernichtet. Die Biomoleküle werden chemisch verändert und inaktiviert. Dazu reicht allgemein bereits ein «Treffer», das heißt die Absorption einer Energie von 50–100 eV, aus. Daneben werden auch toxische Stoffe, z. B. Peroxyde, Radikale usw., gebildet.

Die Reduplikation der DNS, die über das ganze Makromolekül abläuft, kann bereits von einem Treffer gestört werden, z. B. durch Kettenbrüche, Vernetzungen und Basenschäden. Sie ist wesentlich strahlenempfindlicher als die RNS-Synthese, bei der die Information nur auf einem vergleichsweise kurzen Abschnitt abgelesen wird. Dementsprechend ist auch das Wirkungsvolumen viel größer.

Die Strahlenwirkung an DNS und RNS wird intensiv an Viren untersucht (siehe z. B. Dertinger & Jung 1969). Sie sind die einfachsten Makromoleküle, deren genetische Information zur eigenen Vermehrung ausreicht. Da sie selbst keinen eigenen Stoffwechsel haben, sind sie zu ihrer Vermehrung auf lebende Zellen angewiesen. Ihre Strahlenempfindlichkeit nimmt mit ihrem Nukleinsäuregehalt zu.

Chemische Veränderungen in der Struktur der DNS, die die Reduplikation nicht verhindern, aber zu Änderungen in der Basensequenz des neuen Stranges führen, sind erblich und werden als Mutationen bezeichnet. Dies gilt allgemein auch für höhere Organismen, bei denen ebenfalls die strahleninduzierte Mutationsrate mit dem DNS-Gehalt des Zellkerns zunimmt (Abrahamson et al. 1973).

## 4.2. Mikroorganismen

Die kleinsten Lebewesen mit autonomem Stoffwechsel sind die Bakterien. Sie haben weder Chromosomen noch einen Zellkern, enthalten jedoch anfärbbare Kernäquivalente aus DNS. Die Bakterien-DNS ist doppelsträngig und ringförmig (zirkulär). Mit ihrer einfachen Züchtbarkeit in Nährmedien, ihrer schnellen Vermehrung und dem einfachen Bau ihrer Erbanlagen sind Bakterien sehr günstige Objekte der Strahlenbiologie.

Nach Bestrahlung sind die Stoffwechselvorgänge der Bakterien, z. B. die Enzymproduktion, beeinträchtigt oder gestört. Die Primärschädigung liegt in diesem Falle in der DNS, und die Transskription ist vermindert. Der an Bakterien am meisten untersuchte Strahleneffekt ist jedoch die Inaktivierung, d. h., der Verlust der Fähigkeit, Kolonien zu bilden. Sie ist der integrale Strahleneffekt, der sich aus den Primärschäden im Bereiche der DNS über Stoffwechsel- und zellphysiologische Fehlleistungen ergibt.

Da die Inaktivierung von vielen Faktoren beeinflußt wird, haben die einzelnen Bakterienstämme keine einheitliche, sondern eine stark unterschiedliche Strahlenempfindlichkeit.

Besonders gut ist in dieser Hinsicht das Darmbakterium *Esche-*

*richia coli* untersucht, von dem es stärker und schwächer strahlenempfindliche Stämme (Mutanten) gibt. Analysen der Dosis/Effekt-Kurven und vielfältige Untersuchungen (siehe z. B. Hanawalt & Haynes 1967) haben ergeben, daß die unterschiedliche Strahlenresistenz der *Escherichia coli*-Stämme von der Fähigkeit abhängt, strahlengeschädigte DNS zu reparieren. Weit verbreitet unter Mikroorganismen – aber zum Teil auch bei höheren Wirbeltieren nachgewiesen – sind Mechanismen, die typische DNS-Schäden, hervorgerufen durch ultraviolettes Licht, beseitigen.

Als Maßeinheit für die Effektivität der Reparatur kann die Veränderung der wirksamen Dosis angesehen werden, das heißt, der Effekt nach der Reparatur ist dem einer kleineren Dosis ohne Reparatur vergleichbar. Die Abb. 30 zeigt die Dynamik

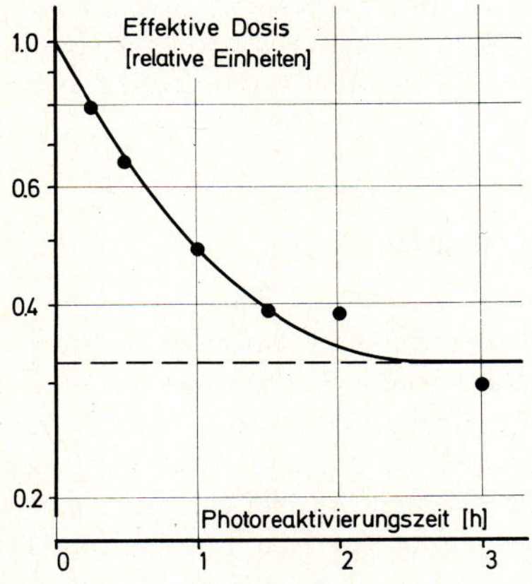


Abb. 30: Verlauf der Photoreaktivierung UV-bestrahlter Hefezellen (aus Timofeeff-Ressovsky et al. 1972).

der Photoreaktivierung UV-bestrahlter Hefezellen; die Reparatur ist zeitabhängig, aber ein erheblicher Teil der Strahlenschäden ist irreparabel.

Während ionisierende Strahlung Biomoleküle unselektiv angreift, reagiert ultraviolettes Licht nur mit bestimmten chemischen Gruppen. Das Thymin-Nukleotid, einer der vier DNS-Bausteine, reagiert unter dem Einfluß von ultraviolettem Licht, soferne vorhanden, mit einer am selben Strang benachbarten Thymin-Gruppe (Dimerisierung). Dabei werden die Wasserstoffbrücken zu den Adeningruppen im Komplementärstrang gelöst und die DNS-Struktur verzerrt. Dieser Schaden wird von einem Enzym repariert, das sich im Dunkeln an das Thymin-Dimere bindet. Wird sichtbares Licht eingestrahlt, dann öffnet sich die Bindung zwischen den Thymin-Gruppen, und das Enzym löst sich anschließend aus dem Komplex. Die Energie zur Spaltung des Thymin-Dimeren stammt vom sichtbaren Licht.

Dieser Prozeß der enzymatischen Photoreaktivierung ist außer an UV-resistenten Bakterien auch an anderen Organismen nachgewiesen worden (siehe z. B. Löbbecke 1964). Die Fähigkeit zur Reparatur von Ultraviolettschäden verschafft Mikroorganismen, die dem Sonnenlicht ausgesetzt sind, einen Evolutionsvorteil. Ebenso sind landlebende Vielzeller begünstigt, deren Epidermiszellen dazu fähig sind.

Neben der Photoreaktivierung ist auch ein anderer Reparaturvorgang entdeckt worden, der ohne Einwirkung von Licht abläuft und als Dunkel-Reparatur bezeichnet wird. Dieser Mechanismus scheint weniger spezialisiert zu sein, als der der Photoreaktivierung, da er nicht nur Thymin-Dimere eliminiert, sondern darüber hinaus auch Vernetzungen zwischen den DNS-Strängen beseitigen kann. Ein defekter Abschnitt eines DNS-Einzelstranges wird herausgeschnitten und neu synthetisiert. Dieser Reparaturprozeß (excision repair) setzt allerdings voraus, daß der andere Strang der DNS-Doppelhelix unbeschädigt ist, da sonst im komplementären Strang verlorengegangene Information nicht wieder hergestellt werden kann.

Ebenso wie die Photoreaktivierung läßt auch die Dunkelreparatur einen Teil der Strahlenschäden unbehoben. Es hat sich gezeigt, daß das Reparaturvermögen bestrahlter Zellen auf den Zeitraum bis zur nächsten Teilung beschränkt ist. Nach der ersten auf die Schädigung folgenden Kernteilung ist die Änderung sekundär irreversibel. In jüngster Zeit wurde noch ein drittes Reparatursystem entdeckt (Lit. bei Calkins 1977), das einige Besonderheiten aufweist. Es wird erst durch Strahlenschäden aktiviert, arbeitet sehr effizient, jedoch nicht fehlerfrei und wird deshalb auch als «errorprone repair system» bezeichnet. An *Escherichia coli* wurde gezeigt, daß alle drei genannten Reparatursysteme genetisch unabhängig voneinander sind. Es wird heute angenommen, daß diese DNS-Reparatursysteme im Organismenbereich weit verbreitet sind.

Es ergibt sich nun die Frage nach der biologischen Bedeutung der DNS-Reparatur. Bei *Escherichia coli*-Mutanten mit stark verminderter Reparaturfähigkeit sind unter günstigen Vermehrungsbedingungen Strahlenintensitäten in der Größenordnung von 400 rad/Stunde oder 3,5 Megarad ($3{,}5 \times 10^6$ rad) pro Jahr erforderlich, um eine der Zuwachsrate äquivalente Abtötung zu erzielen. Es liegt auf der Hand, daß die natürliche ionisierende Strahlung von etwa 100 Millirad pro Jahr keinen nennenswerten Einfluß auf das Überleben von Mikroorganismen haben kann. Anders ist es mit dem Ultraviolettanteil des Sonnenlichts. Wenige Minuten Sonnenbestrahlung wirken bei vielen Arten von Bakterien oder Protozoen tödlich. Ultraviolettes Licht ist für viele wasserbewohnende Einzeller ein bedeutsamer Umweltfaktor, da die Intensität erst in einigen Metern Wassertiefe auf 10 % abfällt. Die DNS-Reparatursysteme können daher als eine Anpassung an Sonnenlicht verstanden werden.

Dies trifft auch für den Menschen zu. Cleaver (1968) hat nachgewiesen, daß die seltene erbliche Hautkrankheit Xeroderma pigmentosum, deren Träger extrem empfindlich gegen Sonnenlicht und UV-Strahlung sind und bei denen Hautkrebs sehr häufig auftritt, ihre Ursache in einem defekten DNS-Reparatursystem in den Epidermiszellen hat.

Die Zellteilung einfacher Organismen kann im Labor längere Zeit künstlich verhindert werden. Unter natürlichen Bedingungen ist jedoch die Zellteilungsaktivität oft recht hoch bzw. die Zeitspanne zwischen den Teilungen sehr kurz. Unter diesen Umständen ist der nicht reparierbare Anteil der Strahlenschäden wesentlich höher.

Da die Wirksamkeit der bekannten Reparaturmechanismen niemals 100 % erreicht, besteht für jedes einzelne Treffereignis eine Wahrscheinlichkeit $> 0$, einen irreparablen Effekt zu setzen.

Einige strahlenbiologische Besonderheiten zeigt *Micrococcus radiodurans,* der seinen Namen einer außergewöhnlich hohen Strahlenresistenz verdankt (Abb. 31). Sie ist darin begründet,

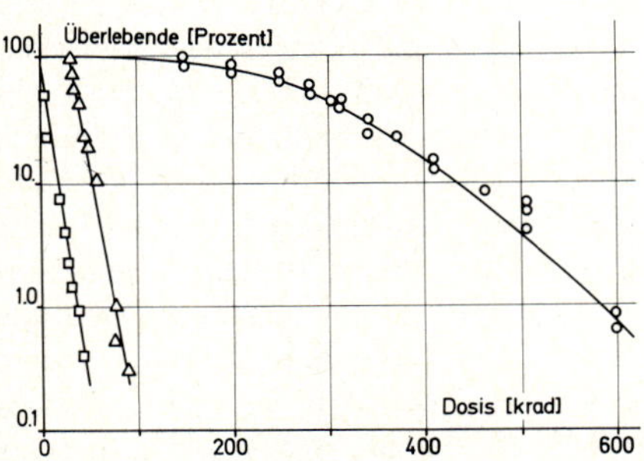


Abb. 31: Überlebenskurven der Bakterien: □ *Escherichia coli,* △ *Sarcina lutea,* ○ *Micrococcus radiodurans* (nach Bruce 1964).

daß dieser Mikroorganismus nur etwa ein Achtel der DNS-Menge einer *Escherichia coli*-Zelle enthält und außerdem Doppelbrüche der DNS reparieren kann. Dieses Reparaturvermögen ist möglicherweise dadurch begünstigt, daß das Auseinanderweichen der gebrochenen DNS-Stränge vom umgebenden Nukleoprotein erschwert wird. Der Mechanismus dieser Doppelstrangreparatur ist bis jetzt allerdings noch nicht aufgeklärt. In einem anderen Punkt unterscheidet sich *Micrococcus radiodurans* ebenfalls von anderen Bakterien. Während sonst gerade die strahlenresistenten Bakterien eine mit dem Sauerstoffpartialdruck zunehmende Strahlenempfindlichkeit zeigen, ist die Sauerstoffkonzentration auf die Überlebensrate von *Micrococcus radiodurans* ohne Einfluß.

Neben Untersuchungen über die Strahlenresistenz sind Bakterien auch sehr günstige Objekte für strahlengenetische Experimente. Da sich – im Gegensatz zu höheren Organismen – mit einfachen Mitteln hohe Individuenzahlen züchten lassen, ist der Nachweis strahlengenetischer Effekte selbst bei relativ niedrigen Dosen möglich. Zur Feststellung der Mutationsrate bestimmter Gene bedient man sich vorteilhaft auxotropher Stämme; das sind Mangelmutanten, die nur unter Zusatz bestimmter Stoffe zum Nährmedium, z. B. einzelner Aminosäuren, lebensfähig sind. Auf Nährböden, denen die für den auxotrophen Stamm essentielle Aminosäure fehlt, können nur die Träger von Rückmutationen Kolonien bilden. Sie sind auf diese Weise leicht nachweisbar. Mit dieser Methode haben Demerec & Sams (1959) eine lineare Beziehung zwischen Dosis und Mutationsrate bis in relativ niedrige Dosisbereiche nachgewiesen (Abb. 32).

Ein Maß für die genetische Strahlenempfindlichkeit ist die Verdopplungsdosis; sie bewirkt eine Verdoppelung der spontanen Mutationshäufigkeit. Zwischen der Höhe der Verdoppelungsdosen einzelner Genmutationen bestehen beachtliche Unterschiede; dementsprechend wird von stabilen bzw. labilen Genen gesprochen.

Darüber hinaus hängt die Stabilität der Gene gegen ionisierende Strahlung auch vom sogenannten genetischen Hintergrund ab, d. h. von der Gesamtheit aller Gene im Zellkern. Kaplan (1957) fand an *Escherichia coli*, daß die Mutation eines bestimmten Gens die Strahlenempfindlichkeit eines anderen Gens um den Faktor 10 erhöht; die Verdopplungsdosis wurde von 5,8 R auf 0,36 R gesenkt.

Da Rückmutationen nur einen geringen Anteil aller insgesamt

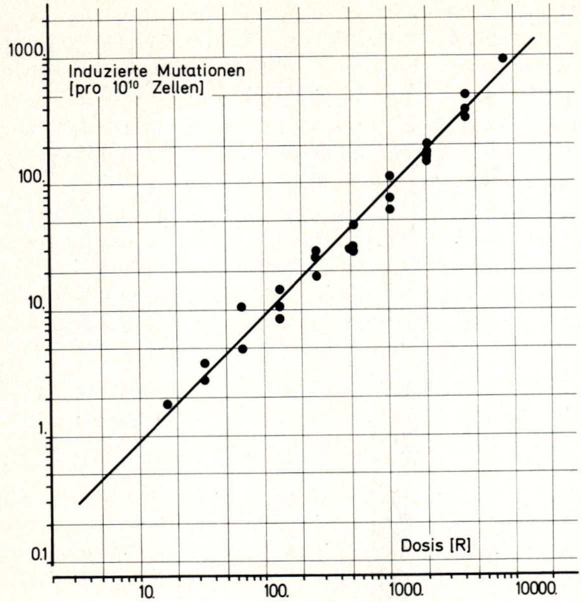


Abb. 32: Strahleninduzierte Rückmutationen an einem auxotrophen *Escherichia coli*-Stamm (nach Demerec & Sams 1960).

auftretenden – aber aus methodischen Gründen nicht nachgewiesenen – Mutationen ausmachen, ist ihre Häufigkeit zur Abschätzung der Strahlenempfindlichkeit der Gene nicht direkt brauchbar.

## 4.3. Vielzellige Organismen

Entsprechend der wesentlich höheren Komplexität der Lebensphänomene ist bei Vielzellern eine Fülle weiterer strahlenbiologischer Erscheinungen feststellbar. Im Gegensatz zum Einzeller kommt bei den vielzelligen Lebewesen die arttypische Leistung durch Arbeitsteilung differenzierter und spezialisierter Körperzellen zustande, die die verschiedenen Gewebe und Organe aufbauen. Daraus ergibt sich eine allgemein höhere Strahlenempfindlichkeit (Abb. 34, Seite 88), da bereits die Schädigung einer relativ kleinen Zahl von Körperzellen zum Absterben des ganzen

Organismus führen kann, während einzelne überlebende Mikroorganismen wieder neue Kolonien aufbauen.

Sowohl bei Mikroorganismen als auch bei Körperzellen ist die Funktion der meisten Stoffwechselprozesse weniger strahlenempfindlich als die Fähigkeit zur Zellteilung. Zellphysiologische Untersuchungen haben ergeben, daß je nach den speziellen Stoffwechselleistungen der Zellen bestimmte Abschnitte der Chromosomen aktiv sind – an ihnen wird die RNS und in weiterer Folge zumeist ein spezielles Enzym synthetisiert (siehe z. B. Beermann 1964). Die parallelen DNS-Stränge eines Riesenchromosoms sind an solchen Stellen aufgelockert (Balbiani-Ring). Diese Verdickungen umfassen nur einen Bruchteil der Gesamt-DNS und sind für Stoffwechselstörungen der kritische Trefferbereich der ionisierenden Strahlung. In Körperzellen, die eine intensive Stoffwechselaktivität entfalten, liegen eine Vielzahl identischer DNS-Stränge vor, entweder ohne Längsteilung der DNS-Bündel (Riesenchromosomen) oder mit Längsteilung unter Vermehrung der Chromosomenzahl (endomitotische Polyploidisierung). Auch damit ist die Strahlensensibilität der Stoffwechselfunktion vermindert, da eine beeinträchtigte Funktion – bis zu einem gewissen Grad – von den intakten DNS-Strängen des betreffenden Gens kompensiert werden kann. Die Teilungsfähigkeit der Körperzellen wird bereits von wesentlich geringeren Strahlendosen gestört.

Die Erzeugung von Chromosomenbrüchen hat in der frühen Pro-Phase der Zellteilung ein Empfindlichkeitsmaximum (Abb. 33). Es ist hier nicht möglich, auf die mannigfaltigen Formen strah-

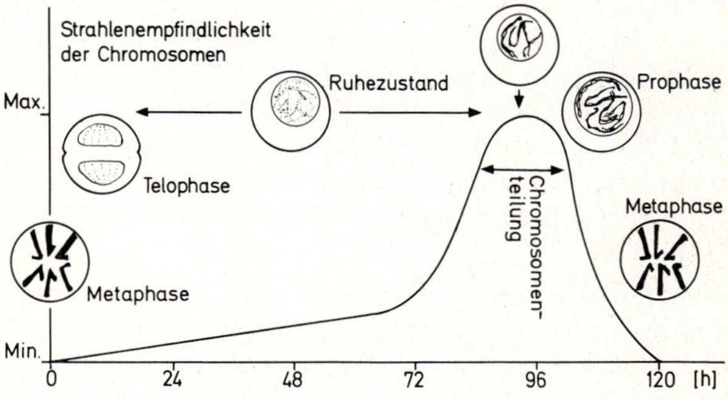


Abb. 33: Verlauf der Strahlenempfindlichkeit während der Mitose, festgestellt an *Tradescantia*-Pollen nach Bestrahlung mit 200 Röntgen: Chromosomenbrüche in der Metaphase (aus Bacq & Alexander 1961).

leninduzierter Chromosomenaberrationen einzugehen; es soll nur darauf hingewiesen werden, daß Effekte, wie DNS-Kettenbrüche oder Vernetzungen, in der Phase zwischen den Teilungen einer Zelle unauffällig bleiben, jedoch sowohl bei der DNS-Replikation als auch bei der Zellteilung stören. Es zeigen sich dann z. B. Verluste von Chromosomenstücken oder Verklebungen von Chromomeren; dies führt zu einer ungleichen Verteilung des Erbmaterials auf die Tochterzellen, wenn die Zellteilung dadurch nicht überhaupt unmöglich ist bzw. die Teilungsprodukte absterben.

Dementsprechend nimmt die Strahlenempfindlichkeit von Geweben und Organsystemen mit ihrer Teilungsaktivität zu (Regel von Bergonie und Tribondeau). Das Zentralnervensystem beispielsweise, in dem nach seiner Ausreifung praktisch keine Teilungen mehr stattfinden, ist besonders resistent. Um das Zentralnervensystem von Säugetieren auffällig zu schädigen, sind sehr hohe Dosen in der Größenordnung von 10 000 Röntgen notwendig. Bei akuter Bestrahlung mit derart hohen Dosen tritt in sehr kurzer Zeit der Tod durch Versagen des Nervensystems ein.

Von einer Dosis von 1000 Röntgen wird das Zentralnervensystem nicht auffällig geschädigt; in diesem Fall wird der Gastrointestinaltrakt – er ist nach wenigen Tagen praktisch ohne funktionsfähige Epithelzellen – am relativ stärksten geschädigt. Der Tod wird vor allem durch Störungen des Wasser- und Elektrolythaushalts verursacht.

Akute Ganzkörperbestrahlung mit Dosen um etwa 500 Röntgen machen eine Regeneration des Darmepithels nicht unmöglich, die Überlebenszeit ist etwas größer und der Tod tritt wegen Störungen des Blutbildungs- und Immunsystems ein. Im Einzelfall ist es schwierig oder sogar unmöglich zu unterscheiden, welche Fehlfunktionen für den letalen Ausgang der akuten Strahlenkrankheit verantwortlich sind, da wegen des geschädigten Immunsystems die Anfälligkeit gegenüber pathogenen Keimen erhöht und die Lebensfähigkeit ganz allgemein vermindert ist (Abb. 34).

Die am längsten bekannte somatische Frühreaktion nach akuter Bestrahlung ist die Schädigung der Haarzwiebel, in der bereits eine halbe Stunde nach Bestrahlung mit einigen hundert Röntgen das Wachstum der Haarkeimzone eingestellt wird, und die Haarwurzel sich von der Papille abhebt. Wegen der innigen Verzahnung der Haarcuticula in der Haarscheide fallen die Haare erst nach einigen Tagen aus.

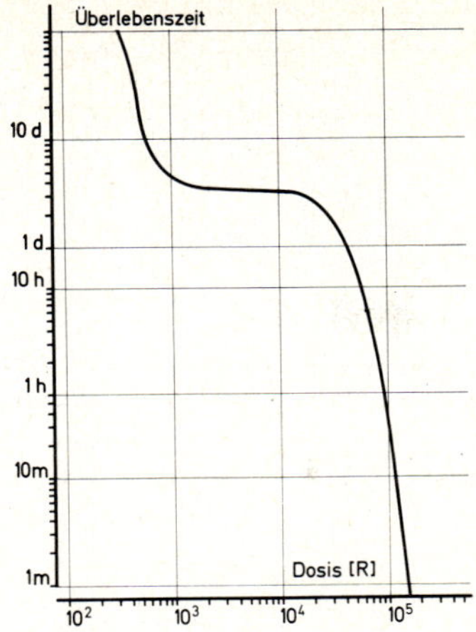


Abb. 34: Überlebenszeit von Ratten nach akuter Ganzkörperbestrahlung. Im Bereich von etwa 1000–15 000 R ist die Überlebenszeit annähernd konstant: 3½ Tage-Effekt (nach Rajewsky 1954).

Die Wirkung akuter Bestrahlung wurde an einer Vielfalt von Tierarten untersucht. Eine der Möglichkeiten, die Strahlenempfindlichkeit zu vergleichen, besteht in der Gegenüberstellung der Letaldosen; man ermittelt die Dosis, bei der 50 % (LD-50) bzw. alle Versuchstiere (LD-100) absterben. Die ermittelten Werte hängen jedoch stark vom Beobachtungszeitraum ab und der uneinheitliche Verlauf des akuten Strahlensyndroms bei den einzelnen Organismengruppen macht unterschiedlich lange Beobachtungszeiträume zweckmäßig; Warmblüter werden in der Regel 30 Tage lang beobachtet (LD-50/30). Da zwischen den Literaturangaben der Strahlenempfindlichkeit nicht selten erhebliche Unterschiede bestehen, sind die Daten in Abb. 35 als Richtwerte aufzufassen.

Wenn die akuten Effekte überwunden werden, können die subletal geschädigten Zellen bei den bestrahlten Individuen noch somatische Spätschäden (siehe auch Kapitel 4.3.2) oder in folgenden Generationen genetische Defekte auslösen.

Von Katastrophenfällen in der Kernindustrie und Atombombentests abgesehen, sind die Organismen in der Natur keinen Strahlendosen ausgesetzt, die das akute Strahlensyndrom verursachen könnten.

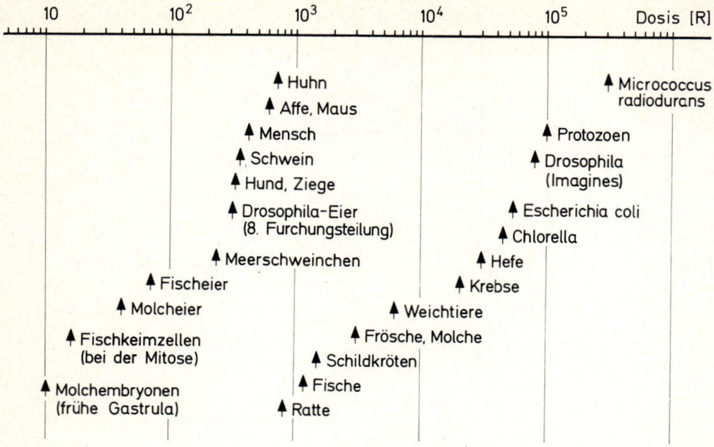


Abb. 35: LD-50 verschiedener Organismen, Erklärung im Text (nach Fritz-Niggli 1959, Bacq & Alexander 1961, Polikarpov 1966 a und anderen Autoren).

Eine allgemeine Gesetzmäßigkeit der Strahlenbiologie ist die erhöhte Empfindlichkeit von Jugendstadien wegen ihrer hohen Zellteilungsaktivität. Die Letaldosen von Keimzellen und Embryonen (Insekten, Amphibien, Fische) liegen um mehr als zwei Größenordnungen tiefer als die der adulten Tiere (siehe Abb. 35). Leider fehlen genaue Angaben über empfindliche Entwicklungsstadien von Säugetieren. Besonders strahlenempfindlich sind Amphibienlarven (Abb. 36), bei denen bereits durch eine Dosis von 5 Röntgen die Sterblichkeit hochsignifikant zunimmt (Peters 1960).

Die subletal geschädigten, aber teilungsfähigen Zellen können den Strahlenschaden im Gewebe vervielfältigen und so organische Fehlleistungen und Mißbildungen initiieren. Russell & Russell (1954) zeigten an Mäusen, daß die Häufigkeit von Mißbildungen und Totgeburten dann am höchsten ist, wenn die Bestrahlung pränatal im Stadium der Organanlagen erfolgt (Abb. 37).

Bei der teratogenen, d. h. Mißbildungen auslösenden Wirkung ionisierender Strahlung ist kein Schwellenwert festzustellen; bereits bei 5 Röntgen (der niedrigsten von Jacobsen untersuchten Dosis) war die Zahl der an Mäusen beobachteten Mißbildungen des Skelettsystems signifikant erhöht (Jacobsen 1968).

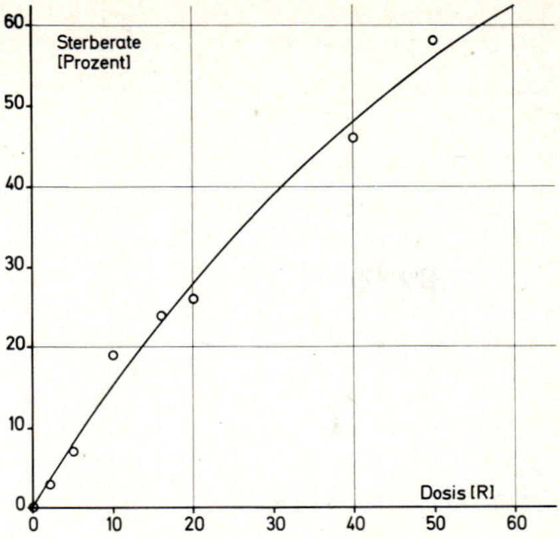


Abb. 36: Sterberate von Molchlarven nach Röntgenbestrahlung (nach Peters 1960).

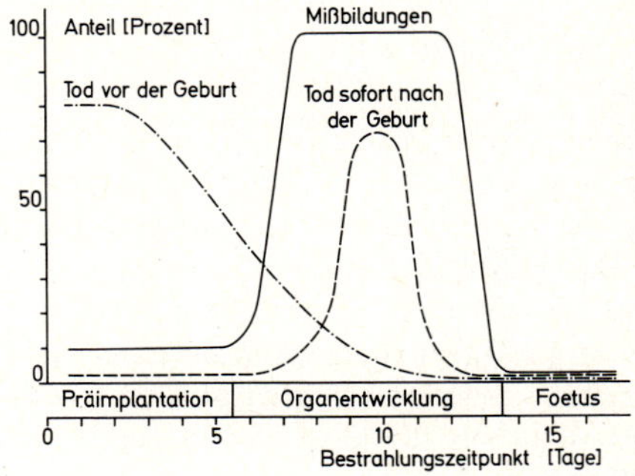


Abb. 37: Folgen einer Bestrahlung mit 200 Röntgen während der Embryonalentwicklung von Mäusen in Abhängigkeit vom Bestrahlungszeitpunkt (nach Russell & Russell 1954).

Gentry und Mitarbeiter (1959) haben nachgewiesen, daß in Gegenden des Staates New York mit höherer natürlicher Radioaktivität die Zahl von Kindern mit Mißbildungen der verschiedensten Organsystemen größer ist als in solchen mit normaler Umgebungsstrahlung (siehe auch Seite 139).

### 4.3.1. Genetische Wirkung der Strahlung bei Vielzellern

In der Genetik ist man von den Mendel'schen Regeln über die Chromosomentheorie (Boveri 1904) und molekularbiologische Einsichten zu einem Verständnis des Prinzips der Vererbung gelangt. Es hat sich gezeigt, daß die grundlegenden Strukturen und Gesetzmäßigkeiten bei allen Organismen im wesentlichen übereinstimmen. Der genetische Code ist in allen bisher untersuchten Systemen, gleichgültig ob mikrobieller, pflanzlicher oder tierischer Natur, identisch. Das Erbmaterial eines Individuums, das Genom, beinhaltet die Gesamtheit der artspezifischen lebensnotwendigen «Information», die sich in der Erscheinungsform, dem Phänotyp, ausgeprägt, und zwar im morphologischen Aufbau, Stoffwechsel, den Sinnesfunktionen und angeborenen Verhaltensweisen.

Die Erbinformation ist in den Chromosomen des Zellkerns enthalten und wird von der Desoxyribonukleinsäure (DNS) in Form ihrer Nukleotidsequenz getragen. Die DNS der 46 Chromosomen einer menschlichen Zelle enthält etwa 5 Milliarden Nukleotidpaare, aus durchschnittlich 900–1500 davon besteht ein Gen. Das DNS-Molekül des längsten menschlichen Chromosoms würde gestreckt 6 cm lang sein.

Die identische Verdopplung der DNS (Reduplikation), die während oder vor der Zellteilung abläuft, ermöglicht die Übertragung der genetischen Information auf die Tochterzellen. Eine Veränderung der DNS-Struktur führt, sofern sie die Zellteilung nicht blockiert, zu einer Mutation (Erbänderung) in den Tochterzellen. Die veränderte Erbinformation einer Zelle, aus der Gameten (Keimzellen) hervorgeht, wird auf die Nachkommen übertragen. Das ist nicht der Fall, wenn Körperzellen betroffen sind (somatische Mutationen).

Ist der Spindelapparat gestört oder sind die Chromosomen verklebt, werden bei der Zellteilung die Chromosomen auf die Tochterzellen ungleich verteilt. Diese Veränderungen sind lichtmikroskopisch nachzuweisen und werden als Genommutationen bezeichnet.

Veränderungen der Chromosomen wie Stückverluste infolge von Brüchen, Verlagerung von Chromosomenstücken nach Bruch und falscher Wiedervereinigung (Inversion), Verklebungen, usw. sind lichtmikroskopisch leicht nachweisbar und werden als Chromosomen-Mutationen bezeichnet.

Gen- oder Punktmutationen sind mikroskopisch nicht sichtbare

Änderungen der Nukleotid-Sequenz innerhalb eines Gens, vergleichbar mit Druckfehlern im Text der genetischen Information.

Die bei weitem überwiegende Zahl aller beobachtbaren Erbänderungen sind Genmutationen, nicht zuletzt deshalb, weil Chromosomenaberrationen und Genommutationen häufig schwerste Störungen bedingen und die betroffenen Zellen bald absterben. Bei der Befruchtung der meisten höheren Tiere und Pflanzen wird der einfache (haploide) Chromosomensatz der mütterlichen Eizelle mit dem ebenfalls haploiden Chromosomensatz der männlichen Spermazelle vereinigt. Die befruchtete Eizelle (Zygote) und die aus ihr entstandenen Körperzellen haben den doppelten Chromosomensatz, sie sind diploid. Ist ein Individuum im Hinblick auf eine bestimmte Mutation heterozygot (mischerbig), d. h. in jeder Körperzelle steht dem mutierten Gen das nicht mutierte des anderen Elternteils gegenüber, so kann das normale Gen den Einfluß des defekten Gens kompensieren. Der Phänotyp erscheint in diesem Fall normal, und wir sprechen von einer rezessiven Mutation. Nur bei Individuen, die dieses Gen homozygot (reinerbig) tragen, ist ein Effekt zu beobachten.

Im Gegensatz dazu treten die – wesentlich selteneren – dominanten Mutationen phänotypisch auch dann in Erscheinung, wenn sie nur heterozygot vorliegen. Zwischen Dominanz und Rezessivität gibt es nicht selten Zwischenstufen. Die Beziehung zwischen Gen und sichtbarem Merkmal (Abb. 38) wird ferner dadurch kompliziert, daß ein Merkmal von vielen Genen bestimmt wird (Polygenie) oder ein Gen mehrere Merkmale beeinflußt (Polyphänie oder Pleiotropie).

Mutationen bedeuten in der Regel eine Schädigung der Erbanlagen und bewirken meist eine Verminderung von Vitalität (z. B. mittlere Lebensdauer) und Fertilität (mittlere Nachkommenzahl). Verhindern sie das Erreichen des fortpflanzungsfähigen Alters, werden sie als Letalmutationen bezeichnet.

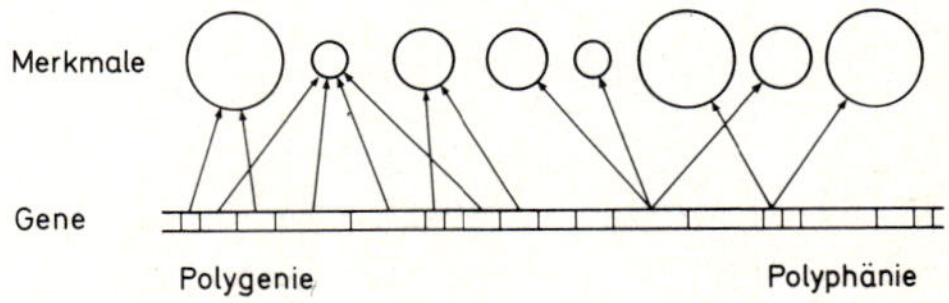


Abb. 38: Die Ausprägung eines einzelnen Merkmals kann von mehreren Genen beeinflußt werden (Polygenie), bzw. ein Gen kann mehrere Merkmale bestimmen (Polyphänie).

Bereits 1927 gelang H. J. Muller unter Anwendung einer speziellen Kreuzungstechnik an der Taufliege *Drosophila* der Nachweis der mutagenen Wirkung ionisierender Strahlung. In der darauffolgenden Zeit wurden diese Befunde an vielen anderen Organismen bestätigt und eine Reihe strahlengenetischer Gesetzmäßigkeiten formuliert:

- Alle Arten energiereicher Strahlung sind mutagen.
- Zur Auslösung von Mutationen ist die Absorption der ionisierenden Strahlung in den Keimzellen erforderlich.
- Ionisierende Strahlung induziert bei allen Organismen Mutationen, d. h. ihre mutagene Wirksamkeit hat universellen Charakter.
- Es werden alle Formen von Mutationen induziert (Punkt-, Chromosomen- und Genommutationen).
- Spontane und induzierte Mutationen sind nicht zu unterscheiden.
- Die Häufigkeit strahleninduzierter Mutationen ist dosisproportional.

Die Dosis-Effekt-Kurven für die Auslösung von Punktmutationen zeigen, daß die Häufigkeit der aufgetretenen Mutationen über einen sehr weiten Bereich direkt von der Strahlendosis abhängig ist (Abb. 39). Punktmutationen werden demgemäß bereits von niedrigsten Strahlendosen induziert, und mit der Erhöhung der Dosis wächst die Wahrscheinlichkeit ihres Auftretens. Es gibt keinen Schwellenwert unterhalb dessen ionisierende Strahlung

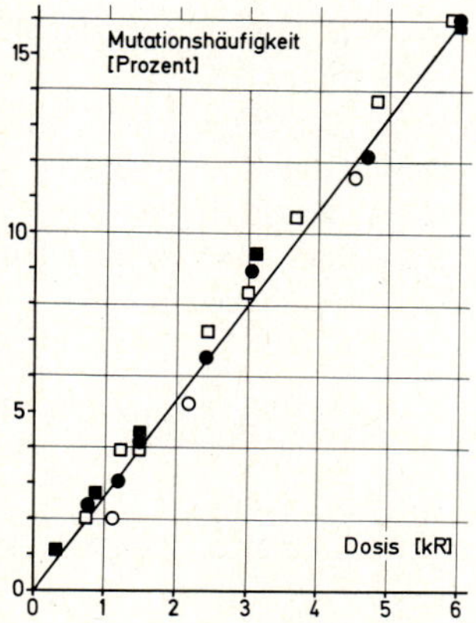


Abb. 39: Die Zahl induzierter Punktmutationen (hier: Letalfaktoren bei *Drosophila)* ist der Strahlendosis proportional (aus Timofeeff-Ressovsky et al. 1972, nach verschiedenen Autoren).

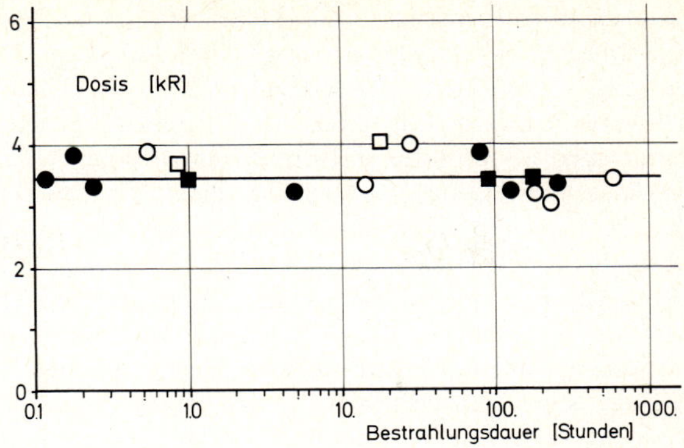


Abb. 40: Um den untersuchten Effekt (10 % geschlechtsgebundene Letale) zu erzielen, sind unabhängig von einem «Zeitfaktor» die gleichen Bestrahlungsdosen erforderlich (aus Timofeeff-Ressovsky et al. 1972, nach verschiedenen Autoren).

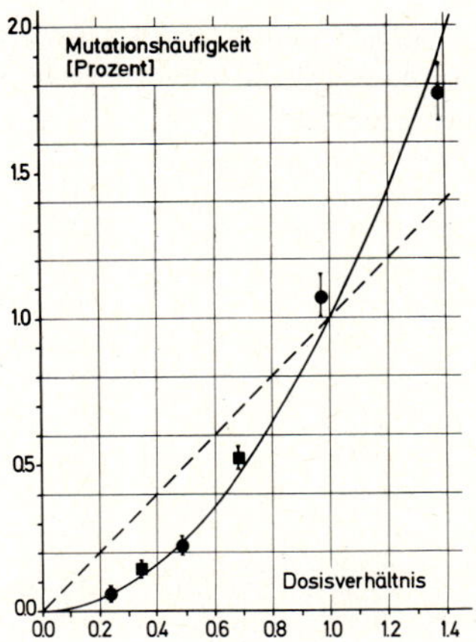


Abb. 41: Chromosomenmutationen zeigen nicht eine lineare (strichlierte Linie), sondern eine quadratische Abhängigkeit von der Bestrahlungsdosis, die jeweils auf eine Mutationsrate von 1 Prozent bezogen ist. Versuchsobjekt: *Tradescantia* (nach Sax 1940).

unwirksam ist. Die Induktion von Genmutationen ist im Gegensatz zu Befunden bei komplexen strahlenbiologischen Phänomenen von der Dosisleistung unabhängig (Abb. 40). Somit sind die, einer schwellenlosen Eintreffer-Dosis/Effekt-Kurve folgenden Punktmutationen als direkte, einfache Strahlenfolgen aufzufassen.

Chromosomenmutationen entsprechen einer Zweitreffer-Dosis/Effekt-Kurve, d. h. ihre Wahrscheinlichkeit steigt überproportional mit wachsender Ionisationsdichte (Abb. 41).

Die Abb. 42 faßt Ergebnisse umfangreicher strahlengenetischer Untersuchungen an der Maus zusammen (Russell 1965) und setzt die Mutationsrate an sieben untersuchten Genen mit der Dosis bei verschiedenen Strahlenintensitäten (Dosis pro Zeiteinheit) in Beziehung; der stärkste Effekt ist bei der höchsten untersuchten Dosisleistung (90 Röntgen pro Minute, zwei Versuche) festzustellen. Die Verdopplungsdosis liegt mit etwa 100 rad im oberen Bereich der für Säuger geschätzten Werte von 10–100 rad.

Es zeigt sich in diesen Experimenten eine Verminderung der genetischen Strahlenwirkung mit der Dosisleistung. Diese Befunde werden gelegentlich dahingehend ausgelegt, daß mit geringer werdender Dosisleistung die mutagene Strahlenwirkung stets weiter abnimmt und im Bereich der natürlichen Strahlenbelastung – bei etwa 100 mrad pro Jahr – in der Praxis kein nennenswerter Effekt mehr auftritt: somit bestünde ein «praktischer Schwellenwert» der Wirksamkeit ionisierender Strahlung. Gegen eine solche Aus-

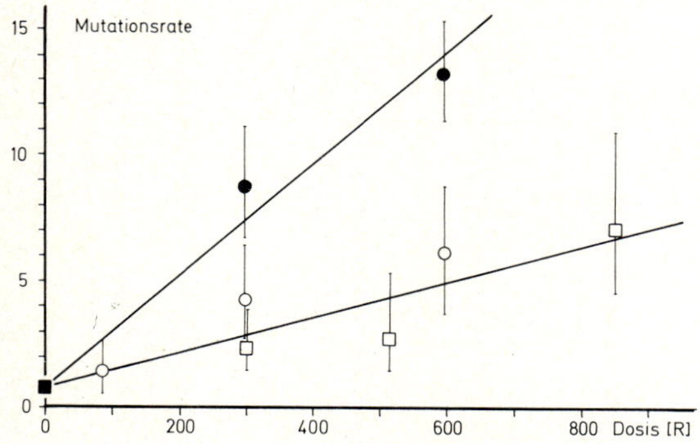


Abb. 42: Mittlere Anzahl der Mutationen von 7 Genen der Maus pro Lokus und $10^5$ Keimzellen in Abhängigkeit von der Bestrahlungsdosis in Röntgen: ● 90 R/min, ○ 0,009 R/min Kobalt-Gammastrahlen, □ 0,001 R/min Kobalt-Gammastrahlen (nach Russell 1965).

legung sprechen mehrere Gründe: Es kann nicht ausgeschlossen werden, daß bei der höchsten verwendeten Dosisleistung von 90 Röntgen pro Minute Chromosomenmutationen, deren Häufigkeit eine quadratische Abhängigkeit von der Dosis aufweist, an dem Effekt mitbeteiligt waren. Die beiden Meßpunkte lassen eine Unterscheidung zwischen linearer und quadratischer Dosis/Wirkungs-Beziehung und damit eine Klärung dieser Frage nicht zu. Manche strahlengenetische Wirkungen, wie z. B. Stückaustausch von Chromosomen in Eizellen von *Drosophila* werden am besten durch Kurven beschrieben, die sowohl eine lineare als auch eine quadratische Komponenete beinhalten. Selbst wenn eine bestimmte Chromosomenmutation zwei oder mehr Treffer erfordert, ist es bei niedrigen Dosen viel wahrscheinlicher, daß die Ionisationen aus demselben Ionenschwarm (Cluster) stammen, als von unabhängigen Ionisationen. Deshalb wird im niedrigen Dosisbereich die quadratische Komponenete vernachlässigbar klein und die lineare Beziehung überwiegt. Der «Dosisleistungseffekt» ist nur zwischen 90 Röntgen und 0,009 Röntgen pro Minute zu erkennen, nicht aber zwischen 0,009 R/min und 0,001 R/min. Somit ist auch nach weiterer Senkung der Strahlenintensität bei gleichbleibender Dosis keine Verminderung der Wirkung zu erwarten. Weiters fehlt jede brauchbare Modellvorstellung für einen solchen «praktischen Schwellenwert». Eine weitere Untersuchung dieser Problematik (Lyon et al. 1972) ergab Hinweise dafür, daß die Mutationshäufigkeit der Maus bei einer Dosisleistung unter 0,001 R/min wieder zunimmt. Auch aus theoretischen Gründen besteht bei jeder auch noch so geringen Dosis eine Chance größer Null, daß eine Mutation ausgelöst wird, unrepariert bleibt und sich in den Folgegenerationen manifestiert.

Strahlengenetische Untersuchungen an Mäusen sind besonders im niedrigen Dosisbereich enorm material- und zeitaufwendig, deshalb fehlen Befunde gerade in diesem interessanten Bereich. An der leicht und billig in großen Zahlen zu züchtenden *Drosophila* haben Shiomi et al. (1963) geschlechtsgebundene rezessive Letalmutationen untersucht. Diese Versuche haben eine lineare Beziehung zwischen Mutationsrate und Dosen von 25 R bis 8 R (der niedrigsten untersuchten Dosis) ergeben.

Ein besonders gutes Versuchsobjekt zum Nachweis von Mutationen ist eine Hybride aus einer rosa- und einer blaublühenden Sorte der Pflanze *Tradescantia ohiensis*. Diese heterozygote Form weist blaue Haare auf den Staubgefäßen auf, das normale Blau ist gegenüber dem rezessiven Rosa dominant. Strahleneinwirkung auf die Blütenanlagen induziert somatische Mutationen* die als Farbänderung nach rosa in Zellen der Staubgefäßhaare auftreten und leicht zu erkennen sind. Die Empfindlichkeit dieses Locus ist hoch. Ichikawa (1972) erhielt bei der niedrigen Dosisleistung von 12 mR/h Verdopplungsdosen von etwa 4 bis 15 Röntgen. Sparrow et al. 1972) ermittelten an einem anderen Klon der gleichen Pflanze eine Verdopplungsdosis von nur 1 rad. Unter Verwendung von Röntgenstrahlen wurde eine lineare Abhängigkeit der Mutationsrate zwischen 0,25 und 5 rad nachgewiesen, bei Bestrahlung mit Neutronen (0,43 MeV) von 0,01–8 rad. Die Autoren führen aus: «Es gibt kein Anzeichen für einen Schwellenwert, weder in den Neutronen- noch Röntgenstrahlenkurven. Es könnte daher wahrscheinlich auch bei noch niedrigeren Dosen ein Effekt nachweisbar sein. Es wäre aber eine schreckliche Aufgabe, solche Experimente anzustellen, besonders mit Röntgenstrahlen, weil mehrere Millionen Staubgefäßhaare untersucht werden müßten. Solche Experimente sind jedoch ausführbar.» Über ein derartiges Experiment siehe Kap. 4.4.3.

Gegenüber den Letalmutationen sind rezessive Erbschäden mit nur schwach vitalitätsbeeinträchtigender Wirkung z. B. bei *Drosophila,* mindestens um einen Faktor 10, wahrscheinlich um den Faktor 20, aber möglicherweise auch um ein Vielfaches davon häufiger (Mukai 1964, 1972). Diese große Streubreite der Zahlenwerte ist methodisch begründet: Durch die unterschiedliche Versuchsstrategie und Untersuchungstechnik wurden jeweils einige speziell definierte Erbänderungen isoliert ausgewertet, ohne daß dadurch die Gesamtheit der verursachten Erbschäden berücksichtigt werden konnte.

Die Existenz stabiler und labiler Gene (mit hohen bzw. niedrigen Verdopplungsdosen) sowie unsere Unkenntnis über deren Verteilung innerhalb des menschlichen Genoms schränken den Wert jeder quantitativen Abschätzung der genetischen Strahlenwirkung erheblich ein. Die Befunde Kaplans 1957 (siehe Seite 95), sowie die Arbeit von Bross & Natarajan (1972) über Personengruppen hoher

---

* Da diese Mutationen am bestrahlten Organismus sichtbar werden und daher als somatische Effekte zu bezeichnen sind, paßt ihre Behandlung streng genommen nicht in das Kapitel über genetische Strahlenwirkung. Diese Befunde werden deshalb hier erwähnt, weil es sich nicht um Strahleneffekte handelt, die somatisch bedeutsam sind (wie etwa Krebs), sondern um Untersuchungen an einem empfindlichen und einfachen Testsystem, das den Nachweis von Mutationen im niedrigsten Dosisbereich ermöglicht hat.

Sensibilität berechtigen zur Annahme, daß die Strahlenempfindlichkeit menschlicher Gene vom genetischen Hintergrund als Gesamtes abhängt und demgemäß starke individuelle Unterschiede aufweist.

Aus den oben genannten Gründen sind zahlenmäßige Angaben von strahlengenetischen Schäden des Menschen wie z. B. die im BEIR-Report (1972, S. 57) – insgesamt 60–1500 Fälle von Erbkrankheiten pro $10^6$ man-rem – mit größter Vorsicht aufzunehmen. Das BEIR-Committee führt zu seinen Schätzungen unter anderem folgendes aus: «Es besteht die Gefahr, daß die obigen Abschnitte, indem sie sich nur auf die gut untersuchten genetisch bedingten Krankheiten bezogen, nur die Spitze eines Eisberges betrachteten. Was ist mit den übrigen menschlichen Krankheiten? Sie sind ebenfalls bis zu einem gewissen Grade genetisch mitbestimmt.» Und im weiteren:

«Ein größeres Bedenken des Subkomitees ist die mögliche Existenz einer Klasse genetischer Strahlenschäden, die den Schätzungen entgangen ist. Es könnte sein, daß wegen der hauptsächlichen Abstützung der Schätzung auf experimentelle Daten an der Maus wichtige Effekte übersehen worden sind, weil sie möglicherweise an diesem Objekt schwer nachweisbar sind, oder die Maus überhaupt kein günstiges Versuchsmodell für das Studium des Menschen ist (ibd. S. 56 f.).»

### 4.3.2. Die somatische Wirkung niedriger Strahlendosen

Während der letzten Jahrzehnte herrschte die Ansicht, daß zur Auslösung somatischer Spätschäden (Strahlenfolgen, die am bestrahlten Individuum selbst auftreten) eine gewisse Mindestdosis erforderlich sei. Diese Ansicht ist zwar für die zuvor besprochenen akuten Effekte nach sehr hoher Bestrahlung gültig, nicht jedoch für Spätschäden bzw. Langzeitfolgen nach niedriger Bestrahlung. Die Abb. 43 zeigt den linearen Zusammenhang zwischen Lebensverkürzung und Dosis, der sich aus vielfältigen Daten mehrerer Untersuchungen ergibt. Die Gerade geht durch den Ursprung des Koordinatensystems, die Annahme eines Schwellenwertes der Wirkung ist deshalb nicht gerechtfertigt. Der Anstieg der Geraden ist ein Maß für die Rate der Lebensverkürzung; Labortiere überleben allerdings mit Sicherheit länger als wildlebende Individuen unter natürlichem Auslesedruck. Die Lebensverkürzung ist der integrale Effekt aller somatischen Spätschäden –

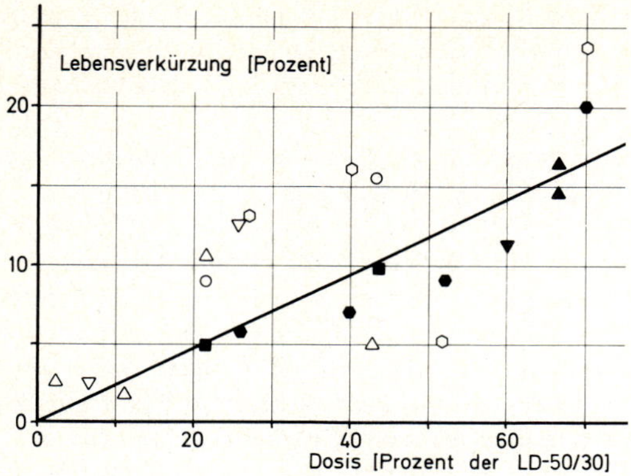


Abb. 43: Lebensverkürzung in Prozent nach Röntgen oder Gammabestrahlung. Die Bestrahlungsdosen sind auf die jeweilige LD 50/30 der verwendeten Versuchstiere bezogen (nach Bacq & Alexander 1961).

die Vitalitätsverminderung, sie äußert sich beispielsweise in einer herabgesetzten Resistenz gegenüber verschiedenen Krankheiten, und verfrühtes Altern haben daran, ebenso wie verminderte Regenerationsfähigkeit, einen gewichtigen Anteil.

Als wichtige Spätschäden sind Krebs und Leukämie hervorzuheben. Der Mechanismus der Entstehung von Krebs ist noch weitgehend ungeklärt – im Sinne einer der diskutierten Theorien ist er die Folge einer somatischen Mutation, wobei allerdings die Frage offenbleibt, inwieweit Veränderungen der DNS oder aber Komponenten des Cytoplasmas für die maligne Entartung der Körperzelle verantwortlich sind. Fest steht, daß die Krebszelle sich den biologischen Kontrollmechanismen, die die Zellteilung steuern, entzogen hat und diese Eigenschaft an ihre Tochterzellen weitervererbt. Die Mutationstheorie der Krebsentstehung wird – neben anderem – durch das oft auffallende Zusammentreffen von mutagener und karzinogener Wirkung verschiedener Agentien unterstrichen. Die lineare Dosis/Wirkungs-Beziehung, die bis in den niedrigen Dosisbereich belegt ist (Tab. 15), spricht für die Auffassung, daß es sich – wie bei der Induktion von Punktmutationen – primär um einen Eintreffer-Vorgang handelt, durch den eine normale Körperzelle in eine potentielle Krebszelle umgewandelt wird. Da jede energiereiche Wechselwirkung mit einer bestimmten Wahrscheinlichkeit eine solche Um-

Tab. 15: Zusätzliches Krebsrisiko bei Kindern unter 10 Jahren in Abhängigkeit von der Zahl der Röntgenaufnahmen während ihrer pränatalen Entwicklung. Die Bestrahlungsdosis entspricht 0,20–0,46 rad pro Aufnahme (nach Stewart & Kneale 1970). Aus einer Erhöhung um 100 Prozent ergibt sich eine Verdopplung der spontanen Häufigkeit.

| Zahl der Röntgenaufnahmen | Erhöhung des Krebsrisikos in Prozent |
|---|---|
| 0 | 0 |
| 1 | 20 |
| 2 | 28 |
| 3 | 70 |
| 4 | 100 |
| 5 | 110 |

wandlung verursacht, ist auch aus theoretischen Erwägungen kein Schwellenwert für die Auslösung von Strahlenkrebs anzunehmen. In Analogie zur Strahlengenetik bedeutet dies, daß ein Teil der spontanen Krebs- und Leukämiefälle auf die natürliche Strahlung zurückzuführen ist und daß zusätzliche Strahlenbelastung die Krebs- und Leukämierate erhöht.

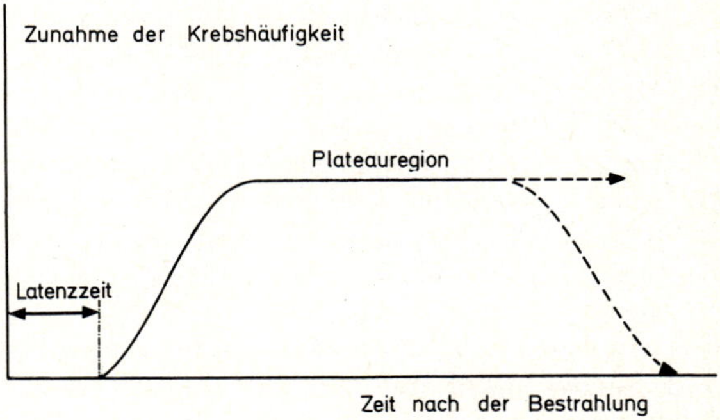


Abb. 44: Zeitliche Verteilung der Krebssterblichkeit (schematisch). Nach Ablauf der Latenzzeit steigt die Krebssterblichkeit, je nach Strahlendosis, verschieden hoch an und hält sich dann auf einem gleichbleibenden Wert (Plateauregion), und zwar entweder auf Dauer oder sie kehrt nach einigen Jahren wieder auf den Wert der spontanen Häufigkeit zurück (nach Gofman et al. 1971).

Die Krebserkrankungen treten erst nach Ablauf einer Latenzperiode in Erscheinung, und die Erhöhung der Krebssterblichkeit kann danach viele Jahre anhalten (Abb. 44). Die für eine quantitative Risikoabschätzung wichtige Frage nach der Dauer der Plateauregion bei verschiedenen Krebsformen und Altersgruppen kann derzeit noch nicht mit absoluter Sicherheit beantwortet werden.

Von allen Krebsarten hat die Leukämie mit etwa 5–10 Jahren die kürzeste Latenzzeit. Sie wurde in der Anfangszeit der Röntgen- und Isotopenforschung neben akuten Strahlenschäden am häufigsten beobachtet und deshalb lange Zeit als die einzige Strahlenspätfolge angesehen. Auch an den von der Atomic Bomb Casuality Commission untersuchten Überlebenden von Hiroshima und Nagasaki trat zunächst nur Leukämie in Erscheinung; erst später folgten – mit längerer Latenzzeit – die übrigen Krebsarten. Die Verwendbarkeit der ABCC-Studien zur Risikoabschätzung leidet unter dem Umstand, daß die Kontrollgruppen nicht unbestrahlt geblieben sind, sondern z. T. erheblichen Fallout-Aktivitäten ausgesetzt waren (Arakawa 1960).

Nach therapeutischen Röntgenbestrahlungen von Wirbelsäulenerkrankungen wurden die gleichen Erfahrungen gesammelt. Unter den Patienten trat vorerst Leukämie auf, doch im Laufe der Zeit stieg das Verhältnis von Krebserkrankungen zu Leukämiefällen steil an (Court Brown & Doll 1957). Nach Berechnungen von Dolphin & Eve (1968) kommen auf einen Fall von Leukämie bis zu 30 andere Krebsfälle. Dieser Wert entspricht recht gut dem Verhältnis des spontanen Auftretens von Krebs bzw. Leukämie in der Bevölkerung.

Die Bedeutung dieser neuen Erkenntnisse liegt darin, daß zur Abschätzung der Strahlengefährdung des Menschen nicht – wie bislang – nur Leukämie zu berücksichtigen ist, sondern daß die Zahl der zu erwartenden Strahlenspätschäden zumindest um einen Faktor 20 höher angesetzt werden muß.

Ähnlich wie bei den Befunden Russells auf genetischem Gebiet (siehe auch S. 106 f.) wird auch bezüglich der karzinogenen Strahlenwirkung des öfteren die Auffassung vertreten, verglichen mit akuter Bestrahlung sei die Wirkung protrahierter Strahlung mit niedriger Dosisleistung wesentlich geringer. Nahezu alle als Beweis angeführten Experimente vergleichen akute, in früheren Lebensabschnitten erfolgte Bestrahlung mit protrahierter Belastung, die sich – von Jugend an – über einen beträchtlichen Lebensabschnitt der Versuchstiere erstreckt hat. Solche Experimente sind insbesondere so zu interpretieren, daß im Falle der niedrigen Dosisleistung ein Teil der Strahlung in ein höheres Lebensalter mit geringerer Empfindlichkeit fällt. Diese Experimente zeigen deutlich größere Schädlichkeit einer Bestrahlung im Jugendalter (Gofman & Tamplin 1970 c). Wurde die akute Bestrahlung über den gesamten Lebensabschnitt fraktionsweise verteilt, über den sich im anderen Versuch die chronische Bestrahlung erstreckte, ergab sich kein Unterschied in der leukämieauslösenden Wirkung (Upton & Cosgrove 1968). Nach einer anderen These soll mit abnehmender Dosis die Latenzzeit zunehmen («Latenzzeiteffekt»). Bei sehr niedrigen Dosen wäre dann die Latenzzeit so lang, daß der Strahlenkrebs nicht mehr erlebt würde. Auf diesen – unbewiesenen – Annahmen beruht die Fiktion von einem «praktischen Schwellenwert» – sie wurde von umfangreichen Versuchsserien mit Radium-226-exponierten Mäusen widerlegt (Finckel 1969). Auch Land & Norman (1978) erwiesen den Latenzzeiteffekt als Artefakt. Vereinzelte Untersuchungen zum Beweis eines «praktischen Schwellenwerts» (Evans 1966, 1969) waren methodisch mangelhaft (Gofman & Tamplin 1970 b, Goss 1970). «Entgegen einem weitverbreiteten Glauben gibt es recht gute Daten über Krebsauslösung beim Menschen durch niedrige Dosen und/oder niedrige Dosisleistungen von Strahlung mit geringem LET. Es stellte sich heraus, daß Risikoabschätzungen bei diesen niedrigen Dosen nicht geringer sind als vergleichbare Risikoschätzungen, die von hohen Dosen ausgehen. Die Daten sprechen eher für das Gegenteil» (Brown 1976). Wie oben dargelegt wurde, kann Strahlenkrebs – im Sinne der Mutationstheorie – ein Eintreffer-Mechanismus zugeschrieben werden. Bei niedrigen Intensitäten ist ionisierende Strahlung nicht «schwächer», sondern die molekularen Wechselwirkungen sind *seltener;* die Fiktion von einem praktischen Schwellenwert ist daher auch theoretisch unhaltbar.

Dem statistischen Charakter dieses Phänomens entsprechend ist mit dem gleichen Effekt zu rechnen, unabhängig davon, ob zehntausend Menschen mit je 50 rem oder zehn Millionen Menschen mit je 50 mrem bestrahlt werden. In beiden Gruppen ist die gleiche Zahl von Strahlenkrebsfällen zu erwarten – die Zahl der karzinogen wirksamen Ionisationen in menschlichem Gewebe ist in beiden Bevölkerungsgruppen dieselbe. Wird eine mittlere Zunahme der Krebssterblichkeit von 2 % pro rad zugrundegelegt, dann ist bei der ersten Gruppe – nach Ablauf der Latenzzeit – mit einer Verdoppelung der spontanen Krebssterblichkeit zu rechnen, die – im Gegensatz zu der 0,1%igen Zunahme im zweiten Fall (10 Millionen Menschen mit 50 mrem) – statistisch einwandfrei nachgewiesen werden kann. Die chronische Strahlenexposition der Bevölkerung der USA im höchstzulässigen Ausmaß (170 mrem/a) würde verschiedenen Berechnungen zufolge – ebenfalls nach Ablauf der Latenzzeit – jährlich zu 3000–15 000 (BEIR-Report 1972) bzw. 16 000–32 000 (Gofman & Tamplin 1970 c) zusätzlichen Krebs- und Leukämiefällen führen. Die zahlenmäßigen Unterschiede lassen sich auf differierende Annahmen bei der Berechnung zurückführen, das zugrundeliegende Konzept ist im Prinzip identisch.

Ein gewisser Mangel derartiger Berechnungen liegt neben einzelnen Unsicherheiten (z. B. das genaue Verhältnis von Krebs- zu Leukämiefällen, die Länge der Latenzzeit usw. betreffend) in der Annahme einer bezüglich der Strahlenempfindlichkeit homogenen Bevölkerung. Eine großangelegte Untersuchung hat gezeigt, daß dies nicht zutrifft (Bross & Natarajan 1972). So ist z. B. bei einer Gruppe von Kindern das Risiko, nach intrauteriner Bestrahlung mit niedrigen Dosen an Leukämie zu erkranken, zehnmal größer als im Durchschnitt. Diese erhöhte Strahlenempfindlichkeit ist interessanterweise mit einer Disposition zu allergischen Krankheiten korreliert. Wenn Strahlung und chemische Schadstoffe gemeinsam auf einen Organismus einwirken, können sich multiplikative (synergistische) Wirkungen ergeben. Gut bekannt ist das Zusammenwirken von Strahlenbelastung, insbesondere die Inhalation von Radon, und Zigarettenrauchen bei Uranbergleuten.

Während früher angenommen wurde, die erhöhte Lungenkrebshäufigkeit bei zigarettenrauchenden Bergleuten würde den Strahleneffekt überdecken, zeigte Lundin et al. (1969), daß bei Rauchern eine viel höhere Strahlenwirkung auftritt (Tab. 16).

In der Zwischenzeit wurden diese eminent wichtigen synergistischen Auswirkungen von Strahlung und konventionellen Schad-

Tab. 16: Krebserkrankung von Lunge oder Atmungswegen mit tödlichem Ausgang bei Uranbergleuten (nach Lundin et al. 1969)

| | erwartete Todesfälle | beobachtete Todesfälle | strahlungsbedingter Verstärkungsfaktor |
|---|---|---|---|
| Raucher | 15,5 | 60 | 4 × |
| Nichtraucher | 0,5 | 2 | 4 × |

stoffen in Tierexperimenten mehrfach nachgewiesen (z .B. McGandy et al. 1974).

Die potenzierende Wirkung von ionisierender Strahlung und chemischen Karzinogenen ist in industriellen und urbanen Ballungsräumen mit konventioneller Luftverschmutzung und radioaktiven Emissionen kerntechnischern Anlagen von größter Bedeutung, bleibt aber bislang bei Risikoabschätzungen der Kernindustrie unberücksichtigt. Weitere Untersuchungen auf diesem Gebiet wären dringend erforderlich.

Neuere experimentelle Befunde weisen darauf hin, daß die lineare Dosis/Wirkungs-Beziehung als Grundlage der Abschätzung somatischer Strahlenspätschäden alles andere als «pessimistisch» ist, wie oft unter Hinweis auf einen angenommenen oder erhofften «praktischen Schwellenwert» behauptet wird. Petkau (1972) hat gezeigt, daß die zur Zerstörung synthetischer Phospholipid-Membranen erforderlichen Strahlendosen erheblich geringer sind, wenn die Bestrahlung mit niedriger Intensität (Dosisleistung) erfolgt. Akute Bestrahlung (26 rad/min) mit Röntgenstrahlung erforderte 3500 rad um die Membrane zum Zerreißen zu bringen, bei stark protrahierter Bestrahlung (0,001 rad/min) durch Natrium-22 ergaben bereits 0,7 rad die gleiche Wirkung. Dieser bemerkenswerte Effekt wird von Petkau mit einer indirekten Wirkung strahlenchemisch gebildeter freier Radikale auf die Membrane erklärt. Die Chance dieser Radikale, miteinander zu reagieren, nimmt mit der Strahlenintensität zu und damit ihr membranschädigender Einfluß ab.

Doch auch an Erythrocyten (Scott et al. 1973) und Knochenmarkszellen (Stokke et al. 1968) wurde eine zunehmende Strahlenwirkung bei abnehmender Dosisleistung beobachtet. Neue Untersuchungen der Lungenkrebsauslösung an Hunden durch inhalierten Urandioxyd-Staub ergaben ein beachtlich hohes Auftreten von Lungenkrebs mit Verdopplungsdosen von nur 1,2–7,5 rad* bei einer Dosisleistung in der Größenordnung von 0,1–1

---

* Unter der Annahme, daß das Krebsrisiko ($K_B$) mit der Bestrahlungsdosis (B) und mit einer Verdopplungsdosis (D) linear zunimmt, gilt die Beziehung: $K_B = K_0 \times (1 + B/D)$
($K_0$ = spontane Krebshäufigkeit)
Die Verdopplungsdosis ruft zusätzlich soviele Krebsfälle hervor, wie spontan entstehen, d. h. sie verdoppelt die spontane Krebssterblichkeit. Gofman & Tamplin hatten ihren meisten Kalkulationen durchschnittliche Verdopplungsdosen von 50–100 rad zugrundegelegt, wie sie nach Einwirkung hoher Strahlenintensitäten zu beobachten sind.

mrad/min (Leach et al. 1973). Von besonderem Interesse sind neue epidemiologische Arbeiten, in denen die Krebssterblichkeit von Strahlenarbeitern der Hanford-Anlage, die seit den Vierzigerjahren besteht, untersucht wird. Seit Bestehen der Anlage werden genaue Aufzeichnungen über individuelle Strahlendosen geführt. Marks et al. (1978), die nur die Daten bis 1974 verwendet und die Krebshäufigkeit unter den Strahlenarbeitern mit den Krebsraten der übrigen Bevölkerung verglichen haben (standardized mortality ratiomethod) konnten keine statistisch gesicherten Effekte der Strahlenbelastung nachweisen. Mit einer empfindlicheren statistischen Methode, die auf einem Vergleich der mittleren Strahlendosen von Krebs- und Nichtkrebsfällen unter den verstorbenen Hanford-Arbeitern beruht (comparative mean dosemethod), hatten Mancuso, Stewart und Kneale bereits 1976 ein unerwartet hohes Auftreten von Strahlenkrebs aufgezeigt (siehe auch Mancuso et al. 1977).

Diese Studie zeigte, daß die krebsauslösende Wirkung ionisierender Strahlung im Lebensalter zwischen 25 und 45 am geringsten ist, insgesamt jedoch höher, als bisher angenommen worden war. Die neueste Analyse der Handford-Daten (Kneale et al. 1978 a) umfaßt 4694 Männer und 575 Frauen, die zwischen 1944 und 1977 gestorben sind. Von den 743 Krebsfällen unter den Männern werden 35 (4,7 %) auf die Strahlenbelastung zurückgeführt, gegenüber einer erwarteten Zahl von 4,8. Es wurde eine mittlere Verdopplungsdosis von 33,7 rad errechnet.

Nicht nur die Hanford-Studie, sondern auch die beobachtete Leukämierate unter den frühen Einwanderern nach Hiroshima (Rotblat 1978) lassen ein viel höheres Strahlenkrebsrisiko (etwa um den Faktor 10) erkennen als in der ICRP Publikation 26 angegeben wurde, die ihre Schätzungen vor allem auf die Atombomben-Überlebenden und röntgentherapeutisch behandelte Patientenkollektive stützt. Gerade diese Personengruppen sind aus mehreren Gründen nicht gut geeignet für Risikoschätzungen: Diese Menschen sind kurzfristig hohen Dosen ausgesetzt gewesen, wobei die Dosimetrie unsicher und mangelhaft ist. Außerdem bestand bei beiden Gruppen eine erhöhte Sterblichkeit aus anderen Ursachen als Krebs. Dadurch könnte ein vermindertes Strahlenrisiko vorgetäuscht sein, denn das Stadium vor der Ausbildung einer Leukämie ist von einer Schwächung des Immunsystems begleitet und es besteht eine erhöhte Wahrscheinlichkeit an sekundären Infektionen zu sterben, bevor Leukämie diagnostiziert werden kann (Kneale et al. 1978 b). Die im Vergleich mit anderen Gruppen auffallend geringe Häufigkeit von Strahlenspätschäden unter den Überlebenden der Atombombenabwürfe erklärt Rotblat (1978) damit, daß nur die genetisch resistenteren Individuen die Verletzungen, das Trauma und die schlechten Lebensverhältnisse in der zerstörten Stadt überlebt haben. Demnach ist die Gruppe der Atombomben-Überlebenden keine repräsentative Bevölkerungsgruppe. Deshalb sollten künftige offizielle Risikoabschätzungen von der Gruppe der relativ gut überwachten Hanford-Strahlenarbeiter ausgehen, die außer der Strahlung keinen anderen Schädigungen ausgesetzt waren.**

Das Zusammenwirken der Anreicherung mancher Nuklide in kritischen Organen, der Dosisleistungseffekt bei Schädigung von Zellmembranen, die hohe Empfindlichkeit früher Entwicklungsstadien und die individuellen Unterschiede in der Empfindlichkeit sowie die Unterschätzung mancher Werte für die relative biologische Wirksamkeit ergibt eine wesentlich höhere somatische Schadwirkung niedriger Strahlendosen als auf Grund der Erfahrungen mit hohen Dosen angenommen wurde.

Die bei den Risikoabschätzungen oft verwendeten Strahlenschutznormen, die von «Durchschnittspersonen» und «Durchschnittsbelastungen» ausgehen und die herkömmliche lineare Dosis-Wirkungsbeziehung zugrunde legen, reichen angesichts dieser neuen Befunde für den notwendigen Schutz der Bevölkerung vor niedrigen Strahlendosen nicht aus. Das Ausmaß der Strahlenschäden wird gerade in demjenigen Dosisbereich, der für die epidemiologischen Effekte der Kernindustrie bedeutsam ist, weit unterschätzt.

---

** Die Diskussion dieser eminent wichtigen Befunde vollzieht sich nicht nur auf wissenschaftlich-sachlichem Niveau. Entsprechend ihrer – für die Kernindustrie unliebsamen – praktischen Bedeutung werden von einflußreichen Interessengruppen «wissenschaftliche Widerlegungen» in Behördenbereichen herumgereicht, hinter dem Rücken der Autoren und ohne ihnen die Möglichkeit sachlicher Richtigstellungen zu geben (Stewart 1978). Diese unsaubere Methode wird leider nicht selten angewendet (siehe z. B. auch Teufel 1977), denn sie macht es möglich, Unterstellungen, Halb- und Unwahrheiten wirksam und unangefochten zu verbreiten. Mancuso, der als hervorragender Arbeitsmediziner und Epidemiologe bekannt ist, wurde inzwischen die Leitung des «Hanford-Survey» entzogen. Die naheliegende Vermutung, daß das Motiv dieser Einflußnahme in den unwillkommenen Untersuchungsergebnissen zu suchen ist, wurde in einem Hearing evident (Dickson 1978).

Konsequenterweise ist auch mit einer Auswirkung regionaler Unterschiede der natürlichen Strahlenbelastung auf die Krebssterblichkeit der Bevölkerung zu rechnen. Zur Untersuchung dieses Zusammenhanges bedarf es neben langfristigen, detaillierten Krebsstatistiken und umfangreichen dosimetrischen Daten (unter Berücksichtigung individueller medizinischer Strahlenanwendung) noch der Angaben über soziologische Unterschiede und die Mobilität der Bevölkerung. Darüberhinaus wäre es wichtig, daß die miteinander verglichenen, ausreichend großen Gruppen sich nur in der Strahlenbelastung, nicht aber in anderen Faktoren (Lebensweise, Ernährung, medizinischer Betreuung sowie umwelthygienischen Parametern) unterschieden. So könnten beispielsweise Gesundheitsschäden erhöhter natürlicher Strahlenbelastung – etwa aus kosmischer und terrestrischer Strahlung – in Gebirgslagen von positiven umwelthygienischen Faktoren wie reiner Luft etc. verdeckt werden (Lave et al. 1972). Auf Grund dieser Schwierigkeiten ist es nicht weiter verwunderlich, daß bisher erst wenige Arbeiten über die Beziehung zwischen natürlicher Strahlung und Krebsmortalität publiziert worden sind (zu dieser Frage siehe auch Kap. 4.4.4. S. 141). Merkwürdigerweise wird von manchen Befürwortern der Kerntechnik das Fehlen streng beweisender Untersuchungen mit dem Fehlen von Strahlenschäden gleichgesetzt und daraufhin die kühne Behauptung aufgestellt, eine Überschätzung des Strahlenrisikos sei genauso gefährlich wie eine Unterschätzung (z. B. von Hug 1971). Diese Probleme haben neben der wissenschaftlichen auch eine politisch-wirtschaftliche Seite, da ein verständliches Interesse daran besteht, die Bestrahlung großer Bevölkerungsgruppen mit niedrigen Dosen als harmlos abzutun.

## 4.4. Radioökologie

Die Disziplin Radioökologie befaßt sich mit den Wechselbeziehungen von Tieren und Pflanzen mit radioaktiven Stoffen, insbesondere den physikalisch-chemischen und physiologischen Gesetzmäßigkeiten ihrer Aufnahme und Anreicherung in den Stoffkreisläufen. Unter Berücksichtigung möglichst vieler Organismen bzw. Organismenkollektive einschließlich der jeweils relevanten äußeren Parameter wird die Rolle der Lebewesen beim Transport der natürlichen und künstlichen Radionuklide in terrestrischen und aquatischen Lebensräumen untersucht.

Neben den biologischen Verteilungsmechanismen ist die Strahlenwirkung auf Einzelorganismen, Populationen und Biozönosen (Lebensgemeinschaften) – und zwar speziell auf strahlenempfindliche Entwicklungsstadien und sensible Glieder im Nahrungssystem unter Einschluß des Menschen – von Bedeutung.

### 4.4.1. Abiotische Verteilung von Radionukliden

Während die heute vergleichsweise noch geringen Mengen hochaktiver Abfälle konzentriert und in abgeschirmten Behältern eingeschlossen werden können, werden die großen Volumina mittel- und niedrigaktiver Abgase und Prozeßabwässer in der Regel verdünnt und in die Biosphäre entlassen. Die solcherart außer Kontrolle gesetzten Radionuklide unterliegen dem entropischen Verteilungsprozeß in Richtung auf eine weltweite Gleichverteilung. Neben der Diffusion und Sedimentation sind es vor allem die Strömungsvorgänge in Luft und Wasser, die eine weiträumige Verbreitung bewirken. Die atmosphärischen Strömungsverhältnisse sind für eine ungleichmäßige Verteilung verantwortlich, wie die Erfahrungen mit dem Fallout der oberirdisch gezündeten Atombomben zeigen.

Gasförmige Spaltprodukte, wegen des Beta-Zerfalls elektrisch geladen, neigen dazu, sich an Aerosole anzulagern. Aber auch fein verteilte Spaltprodukte laden sich elektrostatisch auf und können dann als Aerosole ähnlich verteilt werden wie Gase. Mit dem Wind wird aber auch radioaktiver bzw. kontaminierter Sand und Staub verdriftet. Sedimentierte oder mit dem Regen ausgewaschene Teilchen können auf diesem Weg wiederum in die Atmosphäre gelangen. Dieser Mechanismus ist insbesondere bei Radionukliden mit langer Halbwertszeit (etwa bei Radium-226 oder Plutonium-239) von Bedeutung, da er lokale Verseuchungszonen mit akuter Gefährdung nach Unfällen vergrößert, und gleichzeitig die chronische Radiointoxikation aller anderen Bereiche ständig erhöht.

Um die Verbreitung radioaktiver Abgase von Kernkraftwerken bzw. kerntechnischen Anlagen vorhersagen zu können, wurden Modellvorstellungen entwickelt (Pasquill 1962). Ihre Anwendbarkeit in der Praxis scheitert, wie sich gezeigt hat (IAEA-WMO-Symp. 1973), an den lokal und zeitlich stark unterschiedlichen meteorologischen Bedingungen, so daß die Verbreitung schließlich nur im Nachhinein durch konkrete Messungen bestimmt werden kann.

Die in den Boden entlassenen radioaktiven Flüssigkeiten treten über das Grundwasser mit den Oberflächengewässern in Beziehung. Diesen Vorgängen wird im Hinblick auf die an manchen Stellen in den Boden abgegebenen großen Mengen von Spaltprodukten zunehmend Beachtung geschenkt werden müssen.

In der Aufarbeitungsanlage West Valley im Staate New York wurden zum Teil feste Abfälle im Boden vergraben. 10–15 % der Radioaktivität des angrenzenden Flusses stammen bereits aus diesen Abfalldeponien (Sax et al. 1969).

So wie auch viele andere chemische Substanzen reichern sich die in die Fließgewässer gelangenden bzw. eingeleiteten radioaktiven Stoffe in den Weltmeeren an. Zu dieser indirekten Kontamination kommen noch jene Spaltprodukte, die aus den Atomfriedhöfen auf dem Meeresgrund austreten. Seit man erkannt hat, daß in den Ozeanen keine stabilen Schichten bestehen, werden hochaktive Abfälle nicht mehr in großem Umfang in den Weltmeeren deponiert; hochradiotoxische Abfälle werden allerdings bei sogenannten Versuchsversenkungen beseitigt. Trotz internationaler Empfehlungen und Abkommen wächst die Menge niedrig- und mittelaktiver Abwässer, die in Flüsse und Meere eingeleitet werden, ständig an.

### 4.4.2. Bioakkumulation und Nahrungsketten

Als offene Systeme stehen die Organismen mit ihrer Umwelt in Wechselwirkung und beziehen Radionuklide in ihren Stoffwechsel ein. Eine umfassende Betrachtung der Beziehungen zwischen Radionukliden und Organismen würde das Gesamtgebiet des pflanzlichen und tierischen Mineralhaushalts einschließen. Diese Darstellung muß sich aber auf wenige Beispiele beschränken, an denen die Mechanismen der Aufnahme und Anreicherung von Radionukliden deutlich werden. Dabei ist Aufnahme im engeren Sinn der Prozeß des Eindringens der Radionuklide in den Organismus und Anreicherung das Ergebnis. Es muß betont werden, daß wir nicht das wahre Ausmaß der Aufnahme beobachten können, da der Prozeß der Ausscheidung simultan abläuft. Es ist daher die Aufnahme (und die Akkumulation) die Differenz zwischen Zufuhr und Ausscheidung.

Diese Begriffe seien an dem folgenden Beispiel erläutert:

Die Kaliumkonzentration im Körper ist weitgehend konstant. Bei gleichbleibendem Körpergewicht wird selbst bei hoher Kaliumzufuhr mit der Nahrung (z. B. enthält 1 l Milch etwa 1,4 g

Kalium und dem entsprechend 1200 pCi Kalium-40) kein Kalium bzw. Kalium-40 aufgenommen; das heißt, Ausscheidung und Zufuhr sind gleich groß. Ein Gewichtszuwachs von 10 g entspricht einer Aufnahme von 0,02 g Kalium (19 pCi Kalium-40).

Gelangt ein Organismus in eine kontaminierte Umwelt, so überwiegt zunächst die Zufuhr, und die resultierende Aufnahme führt zu einer Anreicherung. Die Anreicherung von Radioaktivität erreicht ihr Maximum in einem Gleichgewichtszustand, bei dem Zufuhr und Ausscheidung einander gleich werden.

Die in der Atmosphäre befindlichen Edelgase Krypton und Xenon haben im Stoffwechsel keine direkte Funktion, sie und ihre radioaktiven Isotope lösen sich aber in den Körperflüssigkeiten und gelangen auf diesem Weg in die Organismen. Darüber hinaus befinden sich noch andere Nuklide in der Atmosphäre, die entweder durch die Membranen der Lungenalveolen in das Körperinnere diffundieren oder aber, z. B. radioaktive Aerosole, in den Lungenbläschen zurückgehalten werden (NAS-Publ. 1961).

Für die Rückhaltung bzw. Ausscheidung inhalierter Aerosole aus der Säugerlunge sind vor allem physiologische Mechanismen verantwortlich, obwohl die charakteristischen Eigenschaften wie Partikelgröße und Löslichkeit die Selbstreinigung der Atmungsorgane stark beeinflussen. In der Regel werden inhalierte Partikel von der bewimperten Schleimhaut des Respirationstraktes in Richtung Kehlkopf befördert und gelangen in den Magen-Darm-Trakt. Eine andere Möglichkeit der Lungenreinigung von unlöslichen Teilchen ist die Phagozytose (Aufnahme durch Freßzellen) und der Abtransport des Partikels entweder über die Luftröhre oder das Lymphsystem (Ekman 1966).

Landpflanzen nehmen Radionuklide aus der Umwelt entweder mit den Wurzeln auf oder aber auf der gesamten Oberfläche, wie z. B. die Moose und Flechten, denen Wurzeln fehlen und die infolgedessen in ihrem Mineralstoffhaushalt von der atmosphärischen Stoffzufuhr abhängen. Pflanzen und viele Wassertiere verfügen über wirksame Anreicherungsmechanismen, die es ihnen gestatten, lebensnotwendige Spurenelemente gegen ein oft erhebliches Konzentrationsgefälle mit den Wurzeln oder der Körperoberfläche selektiv aufzunehmen (z. B. Fische mit den Kiemen). Terrestrisch lebende Tiere nehmen die Radionuklide mit der Nahrung auf, und sie werden – entsprechend ihrem chemischen Charakter – im Mineralhaushalt verarbeitet.

Verschiedene Isotope eines chemischen Elementes verhalten sich im Stoffwechsel gleich. Auch chemisch nahe verwandte Elemente werden im Stoffwechsel oft nicht unterschieden und folgen ähnlichen Reaktions- und Anreicherungsschritten. Das trifft beispielsweise für die Erdalkalielemente Strontium und Radium zu, die wie das Calcium verarbeitet und u. a. in den Skelettsubstanzen angereichert werden.

Eine Akkumulation von Radium in den Knochen wurde zuerst in der Schweiz und den USA bei Personen bekannt, die Zifferblätter und Skalen mit radiumhaltiger Leuchtfarbe bemalt und beim Anfeuchten des Pinsels mit den Lippen Radium-226 aufgenommen hatten. Infolge der hohen Radiotoxizität des Radiums (siehe auch Kapitel 3.2.2.3) und der langen Halbwertszeit (1620 Jahre) bildet eine mit dem Uranbergbau verbundene Freisetzung ein ernstes Umweltproblem. In den USA wurde stellenweise eine starke Radiumanreicherung in Wasserpflanzen beobachtet (US-Dept. of Health 1966).

In Fällen, wo die Konzentration von Radionukliden z. B. vom Boden zur Pflanze abnimmt, wäre es nicht sinnvoll, den Begriff Anreicherungsfaktor zu verwenden. Daher hat sich der allgemeine Begriff Transferfaktor durchgesetzt; z. B.:

$$\text{Transferfaktor} = \frac{\text{Ci / g Pflanze}}{\text{Ci / g Boden}}$$

Die in der Praxis ermittelten Transferfaktoren vom Boden zur Pflanze sind sehr unterschiedlich und nehmen in der Regel bei abnehmender Nuklidkonzentration im Boden zu. Sind die Konzentrationen löslicher Mineralsalze im Boden hoch, überwiegt die passive Ernährung der Pflanze. Bei niedrigen Konzentrationen werden die aktiven Anreicherungsmechanismen für essentielle Ionen – und damit auch für chemisch ähnliche Radionuklide – wirksam.

So fanden Sharitz et al. (1975) in der Nähe der kerntechnischen Anlage Savannah River auf stark mit Caesium-137 kontaminierten Böden (545 pCi/g) an der Sumpfflanze *Sagittaria latifolia* Transferfaktoren Wurzel/Boden (auf Trockengewicht bezogen) von 0,6, Blatt/Boden 0,7 dagegen aber die entsprechenden Faktoren 14,4 bzw. 20,1 in schwach kontaminiertem (26 pCi/g) Boden. Die in der schwächer kontaminierten Umgebung wachsenden Pflanzen hatten sogar absolut höhere Caesium-137 Aktivitäten in den Blättern gespeichert. *Polygonum punctatum,* eine andere Sumpfflanze von den gleichen Stellen, zeigte auf dem schwach aktiven Areal eine stark erhöhte Anreicherung in den Wurzeln. Dahlman & Van Voris (1975) berichteten über die jahrzehntelange Beständigkeit der Verseuchung eines Auwaldes mit Caesium-137 in der Nähe der Oak

Ridge Anlage. Auch dort wurden die höchsten Transferfaktoren in den schwächer kontaminierten Bereichen festgestellt. Die gleiche Beziehung – höchste Anreicherungsfaktoren bei niedrigster Caesium-137 Konzentration im Boden – zeigten auch Bergamini et al. (1970) im Experiment mit der Kleeart *Trifolium pratense.* Der höchste, auf Trockengewicht bezogene Anreicherungsfaktor betrug 166.

Auch für Plutonium wurden konzentrationsabhängige Transferfaktoren ermittelt. Romney et al. (1970) untersuchten die Plutoniumaufnahme einiger Pflanzen und Kleinsäuger in verschiedenen Abständen von einem Atombombentestgelände in Nevada, wo Plutonium-239 freigesetzt worden war. Die Transferfaktoren Pflanze/Boden lagen niedrig, zeigten aber im Laufe von 5 Jahren eine Erhöhung von $1{,}9 \times 10^{-5}$ auf $11{,}5 \times 10^{-5}$. Daraus kann geschlossen werden, daß das schwerlösliche Plutoniumoxid im Boden im Laufe der Zeit in eine leichter aufnehmbare chemische Form umgewandelt wird. An Säugetieren wurden Taschenspringmäuse (*Dipodomys merriani* und *D. microps)* und der Hase *Lepus californicus* untersucht. Die Anreicherungsfaktoren im Knochen (gegenüber dem Boden) lagen zwischen ca. $6 \times 10^{-5}$ und 5, für den Gastrointestinaltrakt wurden viel höhere Werte (zwischen 0,2 und 498) gefunden: Durchwegs waren die höchsten Transferfaktoren in Regionen mit den niedrigsten Plutoniumkontaminationen nachzuweisen. Wildung & Garland (1974) haben in Versuchen mit Gerste ebenfalls höhere Transferfaktoren bei niedrigen Plutoniumkonzentrationen gefunden. Die Autoren weisen darauf hin, daß zur Abschätzung der Plutoniumgefährlichkeit für den Menschen in den meisten Fällen Transferfaktoren von etwa $5 \times 10^{-5}$ verwendet werden, wie man sie bei Experimenten mit hohen Plutoniumkonzentrationen im Boden findet. Dabei sind toxische Effekte auf die Wurzeln als Erklärung der niedrigen Transferfaktoren möglich. In schwach kontaminierten Böden sind die Faktoren um etwa eine Größenordnung höher.

Arktische Nahrungssysteme sind infolge geringer Artenzahl relativ einfach. Weitreichende radioökologische Untersuchungen liegen von der Nahrungskette: Flechte → Rentier → Mensch vor, die für große Bevölkerungsgruppen in der arktischen aber auch subarktischen Region der nördlichen Hemisphäre von Bedeutung ist. Die Fallout-Belastung war in diesen Regionen Skandinaviens, Alaskas und der UdSSR halb so groß wie in der gemäßigten Zone.

Wegen ihres extrem langsamen Wachstums und der Stoffaufnahme auf ihrer gesamten Oberfläche (Nestrueva et al. 1966) reichern Flechten praktisch alle natürlichen (Polonium-210, Blei-210) und künstlichen (Strontium-90, Caesium-137, Eisen-55 usw.) Radionuklide sehr wirksam an. Die Flechten sind eine wichtige Nahrungskomponente des Rentiers, auf die es vor allem im Winter angewiesen ist. Dementsprechend erreicht die Caesium-137 Konzentration im Rentierfleisch im Winter und Frühjahr die höchsten Werte (Abb. 45) und nimmt im Sommer beim Verzehr frischer grüner wenig kontaminierter Vegetation rasch ab. Die biologische Halbwertszeit von Caesium-137 beträgt im Rentierfleisch etwa 15–35 Tage, in Flechten hingegen etwa 10 Jahre. Die Konzentration von Strontium-90 in den Knochen zeigt entsprechend der wesentlich längeren biologischen Halbwertszeit dieses Nuklids keine deutlichen jahreszeitlichen Schwankungen.

Die Anreicherung im Endglied der Nahrungskette, dem Menschen, hängt stark von der saisonalen Nutzung der verschiedenen Nahrungsquellen ab. In einigen Lappen- und Eskimopopulationen ist die Caesium-137 Konzentration im Menschen gleich der im Rentier; bei 50 % Anteil des Rentierfleisches in der Nahrung entspricht das einem Anreicherungsfaktor von 2.

Die Caesium-137 Belastung von Bevölkerungsgruppen, die regelmäßig Renntierfleisch essen, zeigt eine jahreszeitliche Schwankung, die – mit zeitlicher Verzögerung – derjenigen des Rens ent-

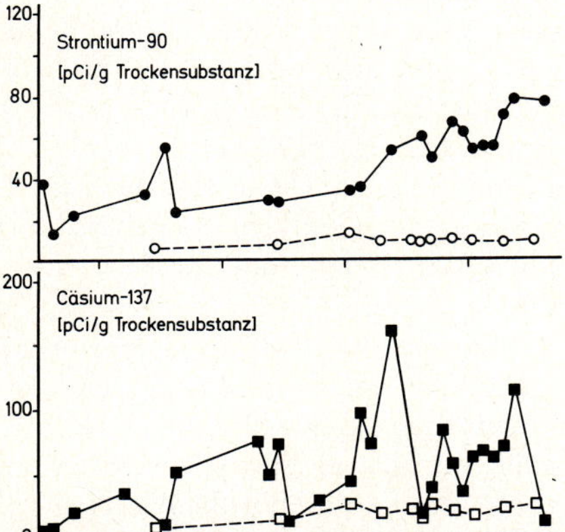


Abb. 45: Strontium-90- bzw. Caesium-137-Konzentration im Renntier fleisch (gedeckte Symbole) und in Flechten (offene Symbole) in Alaska (nach Hanson 1966).

spricht. Die biologische Halbwertszeit von Caesium-137 beträgt beim Menschen ca. 70 Tage.

Bei der Caesium-Anreicherung spielen auch soziologische Faktoren eine Rolle. Während schwedische Lappenfrauen und -kinder durch eine größere Zahl von Kühlschränken auch im Sommer das stark kontaminierte Renfleisch aus den Winterschlachtungen verzehren, sind finnische Lappenfrauen auf frisches, im Sommer weit weniger kontaminiertes Renfleisch angewiesen. Demgemäß war in schwedisch Lappland während des Sommers eine höhere Strahlenbelastung aus Caesium-137 zu beobachten.

Nach Lidén & Gustafson (1966) resultiert bei Erwachsenen aus einer gleichbleibenden Caesium-137-Kontamination je pCi/g eine zusätzliche Strahlenbelastung von 8 mrad/a.

Die Geschwindigkeit, mit der Radiocaesium ausgeschieden wird, ist vom Kaliumgehalt der Nahrung abhängig. Die Konzentration inaktiver Elemente in der Nahrung beeinflußt ganz allgemein die Anreicherung der entsprechenden Radionuklide. Von Zink-65 ist bekannt, daß es bei Zinkmangel weitaus stärker angereichert wird als bei zinkreicher Nahrung. Die Resorption der einzelnen Elemente im Gastrointestinaltrakt (Magen-Darmkanal) hängt entscheidend von der chemischen Form ab, in der sie aufgenommen werden. So wird z. B. Ruthenium als Nitrosylkomplex (in dieser Verbindung wird es zumeist mit den Abwässern der Aufarbeitungsanlagen abgegeben) wesentlich besser resorbiert als in der Chlorid- und Dioxidform (Ekman 1966). Außerdem unterscheidet sich die Resorption von verschiedenen Wertigkeitsstufen; so wird z. B. zweiwertiges Eisen besser aufgenommen als dreiwertiges.

Larsen & Oldham (1978) haben nachgewiesen, daß schwer resorbierbares vierwertiges Plutonium im Trinkwasser bei der Chlorierung zu der sechswertigen Form oxydiert wird. Im Tierversuch hat sich gezeigt, daß sechswertiges Plutonium etwa 1000 mal stärker als das vierwertige Plutonium gespeichert wird. Daraus ergibt sich, daß die heute gültigen Höchstgrenzen der Plutoniumkonzentration in Trinkwasser (5 pCi/ml) viel zu hoch angesetzt ist.

Die Ausscheidung von Tritium hängt wesentlich von der chemischen Form ab, in der dieses Nuklid vorliegt. Ist es in einem Wassermolekül gebunden (HTO), dann wird es im Wasserstoffwechsel relativ rasch ausgeschieden. Die biologische Halbwertszeit beträgt dann etwa 20 Tage. An Biomoleküle gebundenes Tritium wird viel langsamer ausgeschieden. Es wurden biologische Halbwertszeiten von mehr als 2000 Tagen bzw. 5,6 Jahren festgestellt (Moghissi et

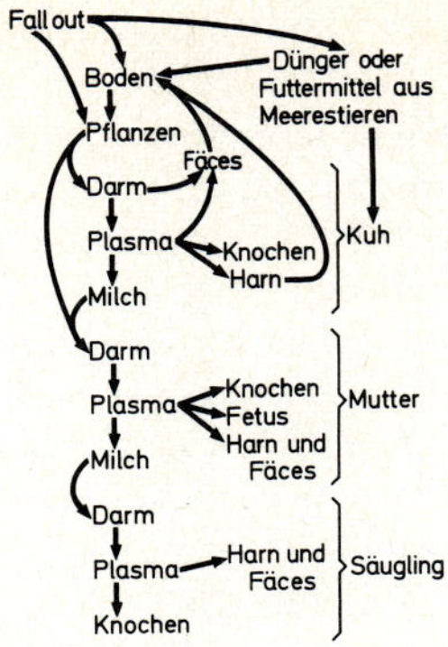


Abb. 46: Strontium-90-Transport aus dem Fallout zum Menschen (nach Bacq & Alexander 1961).

al. 1971). Aufnahme und Ausscheidung von Radionukliden sind darüber hinaus vom Alter und physiologischen Zustand des Organismus abhängig.

Wegen seiner hohen Radiotoxizität wurde dem Strontium-90 viel Beachtung geschenkt. Die wichtigste Quelle der Kontamination des Menschen mit Strontium-90 ist die Nahrungskette Pflanze-Weidevieh-Milch (Abb. 46). Wegen seines calciumähnlichen Chemismus wird es im Knochen angereichert, und da der jugendliche Säugetierorganismus besonders große Mengen von Calcium für den Knochenaufbau benötigt, die ihm mit der Milch zugeführt werden, ist er in seiner empfindlichsten Phase am stärksten betroffen. Das Spaltprodukt Jod-131, sowie das langlebige Jod-129 gelangen ebenfalls über die Kontamination des Weidelandes zum Rind (Abb. 47) und mit der Milch zum Menschen, wo es sich in der Schilddrüse stark anreichert. Nach einer Plowshare-Explosion wurden auf diese Weise bei Kindern in Utah Schilddrüsenbelastungen bis zu 60 rem verursacht (Mays 1963). Die oberirdischen A-Bomben Testserien in Nevada in den Jahren 1952–1955 haben manche Gegenden, z. B. im Umkreis von St. George, Utah, stark mit Jod-131 kontaminiert. Tamplin & Fisher (1966) haben errechnet, daß Kinder dieser Gegend, die täglich 1 Liter Milch zu sich nehmen, Schilddrüsendosen von ca. 120 rad erhalten haben.

Auch 1962 wurden durch Nevada-Tests hohe Jod-131-Belastungen bei ca. 50 000 Kindern in Utah im Alter bis zu 2 Jahren

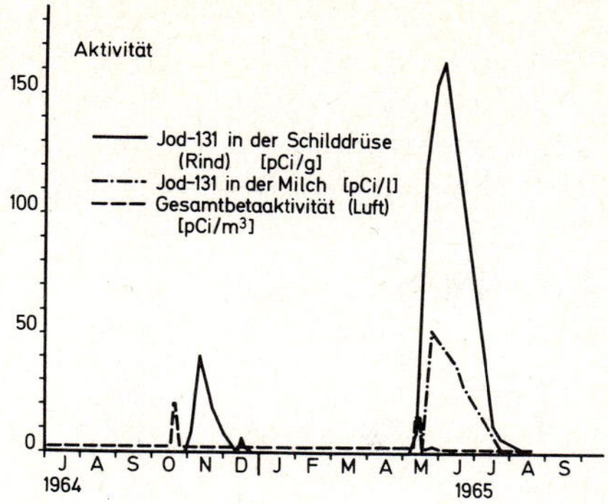


Abb. 47: Anreicherung von Jod-131 in den USA nach chinesischen Kernwaffenversuchen. Die Jod-131-Aktivität der Luft war nach beiden Tests etwa gleich hoch, in den Schilddrüsen der Rinder und der Milch jedoch stark unterschiedlich. Im Spätherbst 1964 wurden die Rinder von der Weide abgetrieben und mit gelagertem Futter versorgt, im Jahre 1965 waren sie auf der Weide ausschließlich auf das vom Fallout kontaminierte Grünfutter angewiesen (nach Baratta 1966).

hervorgerufen. Im Durchschnitt wurden 58 000 pCi Jod-131 aufgenommen, das ergibt eine Schilddrüsendosis von 1 rad; die Spitzenbelastungen lagen bei 800 000 pCi bzw. 14 rad (Pendleton et al. 1963).

Neben der Stoffaufnahme über den Respirations- und Gastrointestinaltrakt ist noch die Aufnahme durch die Haut zu erwähnen. Sie ist für einige Nuklide nachgewiesen (Ekman 1966), spielt aber für Landtiere eine eher untergeordnete Rolle.

Die Bewohner der Hydrosphäre nehmen Stoffe im allgemeinen direkt aus dem sie umgebenden Wasser auf. Besonders gut ist die Akkumulation des Strontium-90 wegen seines calciumähnlichen Verhaltens untersucht. Im Nahrungssystem eines Süßwassersees in der Nähe einer Kernanlage zeigte sich die höchste Anreicherung in der Skelettsubstanz der Wirbeltiere (Abb. 48). Der Anreicherungsfaktor gibt jeweils das Verhältnis der Konzentration des Radionuklids im Organismus zu jener im Wasser an. Dabei ist es praktischer, die Aktivität auf das Frischgewicht (und nicht auf das Trockengewicht) zu beziehen, weil damit die Abschätzung der resultierenden Strahlenbelastung erleichtert wird.

Timofeeva & Kulinov 1966 ließen auf Süßwasserpflanzen 2 Wochen lang Strontium-90-Lösungen einwirken und stellten (bezogen auf das Trockengewicht) Anreicherungsfaktoren bis etwa 2000 fest. Im allgemeinen ist die maximale Anreicherung bei Wasserpflanzen bereits nach 2–4 Tagen erreicht.

Die Anreicherung mehrerer anderer Radionuklide in Wasserpflanzen übertrifft diejenige des Radiostrontium bei weitem. In

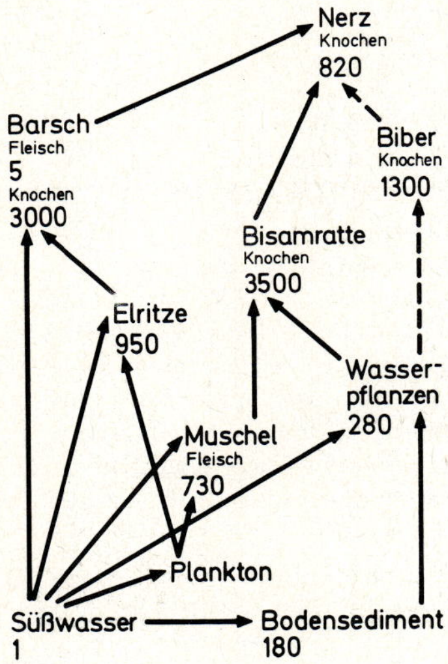


Abb. 48: Anreicherungsfaktoren von Strontium-90 im Nahrungssystem eines Süßwassersees (nach Ophel 1962).

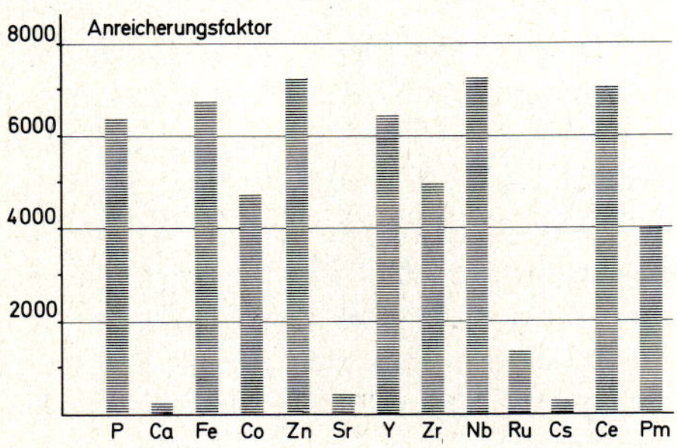


Abb. 49: Anreicherungsfaktoren einiger Radionuklide in Süßwasserpflanzen, bezogen auf Trockengewicht (nach Timofeeva & Kulinov 1966).

Abb. 49 sind Anreicherungsfaktoren von 13 Radioisotopen zusammengefaßt, die von einigen Wasserpflanzen ermittelt wurden. Bei sehr niedrigen Konzentrationen sind die Anreicherungsfaktoren konstant; die Anreicherung ist der Konzentration des Radionuklids proportional. Mit steigender Konzentration des Radionuklids bzw. analoger Elemente nehmen die Anreicherungsfaktoren ab. Dies gilt sowohl für Wasserpflanzen als auch für Wassertiere. Wie aus der Abb. 50 ersichtlich ist, nimmt die Strontium-90-Konzentration in Fischen mit steigendem Calciumgehalt der Gewässer ab. Im Süßwasser sind, abhängig vom stark unterschiedlichen Mineralsalzgehalt, auch die Anreicherungsfaktoren nicht einheitlich.

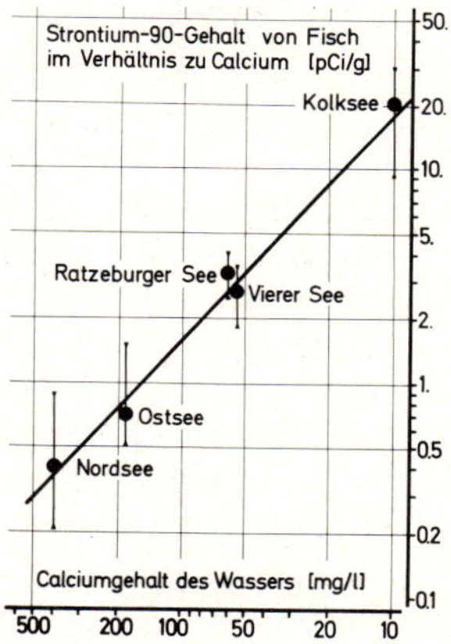


Abb. 50: Abhängigkeit der Strontium-90-Anreicherung in Fischen vom Calciumgehalt der Gewässer (nach Feldt 1966).

Bei Süßwasserfischen kann die mit der Nahrung aufgenommene Radioaktivität wesentlich zur Kontamination beitragen, die dann z. B. in der Nahrungskette: kleine Fische → Barsch → Hecht zunimmt. An den Speisefischen des Red Lake in Minnesota fand Gustafson (1966) eine mittlere Radiocaesiumanreicherung aus dem Wasser auf das 2760fache. Soferne eine Radiocaesiumkonzentration von $2 \times 10^{-8}$ Ci/l – das ist ein Zehntel der maximal zulässigen Konzentration im Trinkwasser – in einem See einige Jahre bestehen bleibt, steigt die Konzentration im Fisch auf 55 $\mu$Ci/kg. Der Genuß von 22 g Fisch pro Tag bzw. 8 kg pro Jahr führt im Gleichgewicht zu einem Gehalt von 175 $\mu$Ci im menschlichen Körper. Diese Aktivität übersteigt die für die Gesamtbevölkerung festgesetzte höchstzulässige Konzentration etwa um den Faktor 60.

Gegenüber dem Süßwasser mit seinem geringen, aber variierenden Mineralstoffgehalt ist das salzreiche Seewasser in der Zusammensetzung weitestgehend einheitlich. Wegen der starken isotopischen Verdünnung sind die Anreicherungsfaktoren z. B. für Caesium-137, Strontium-90 und Schwefel-35 im marinen Organismus etwa um den Faktor 10 niedriger als bei vergleichbaren Süßwasserbewohnern. Erwartungsgemäß sind die Anreicherungsfaktoren von Nukliden wie Radioyttrium oder Radiocer, deren inaktive Träger nur in Spuren vorhanden sind, im Süßwasser und Seewasser nahezu gleich (Polikarpov 1966 a).

Die unter gleichen Voraussetzungen ermittelten Anreicherungsfaktoren vergleichbarer Tier- und Pflanzenarten weisen in den verschiedenen Meeren nur relativ geringe Abweichungen auf. Obwohl in der See radioaktive Stoffe hauptsächlich durch direkte Akkumulation aus dem umgebenden Wasser aufgenommen werden, sind die Nahrungsketten nicht ohne Bedeutung. Leuchtgarnelen der Gattung *Euphausiacea* mit ihren tagesrhythmischen Vertikalwanderungen über mehrere 100 Meter bilden infolge ihrer ungeheuren Biomasse einen wirksamen «biologischen Aufzug» für radioaktive Stoffe, die sie aus großen Tiefen in oberflächennahe Nahrungssysteme einschleusen (Keckes 1968).

Wegen der starken Anreicherung mancher künstlicher Radionuklide in den Nahrungsketten treten örtlich oft unerwartet hohe Aktivitäten auf. So wurde bei einem Arbeiter der Hanford-Reaktoranlage (Richland, Washington) eine außergewöhnlich starke Verseuchung mit Zink-65 gemessen, die zunächst unerklärlich blieb. Später stellte sich die Ursache heraus: Austern, die vom 250 Meilen entfernten Pazifischen Ozean auf den Markt gebracht worden waren. Sie hatten das aus Hanford stammende Zink-65 gegenüber dem umgebenden Seewasser um den Faktor 200 000 angereichert (Polikarpov 1966 a). Wäre diese Kontamination nicht zufällig bei einem unter Kontrolle stehenden Strahlenarbeiter aufgetreten, hätte nie jemand erfahren, daß stark radioaktive Austern gehandelt und dem menschlichen Genuß zugeführt wurden.

Der Ausbau der Kerntechnik wird mit seiner wachsenden Abfallproduktion, insbesondere im Hinblick auf langlebige Spaltprodukte, die Weltmeere zwangsläufig im steigendem Maße belasten und stellt die Nutzung der Nahrungsreserven der Ozeane für die fernere Zukunft in Frage.

Derzeit ist auf dem Gebiet der Radioökologie das Wissen noch recht lückenhaft und viele Fragen sind offen, sodaß noch keine verläßlichen und detaillierten Voraussagen über das Langzeitverhalten emittierter Radionuklide kerntechnischer Anlagen möglich sind.

### 4.4.3. Die Wirkung inkorporierter Radionuklide

Da für die biologische Strahlenwirkung die vom Körper absorbierte Dosis maßgebend ist, wäre zu erwarten, daß es gleichgültig ist, ob ein Organismus diese Dosis von äußeren oder von innerhalb seines Körpers liegenden Strahlenquellen erhält. Aus einer Reihe von Gründen können inkorporierte Radionuklide jedoch wesentlich wirksamer sein. Alpha- und Beta-Strahlen kommen wegen ihrer intensiven Wechselwirkung mit der Materie und somit kurzen Reichweite für die äußere Bestrahlung kaum in Frage, belasten dagegen bei innerer Bestrahlung den Organismus sehr stark (hoher QF-Wert). Die Berechnung der Äquivalentdosis (rem), in der die biologische Wirksamkeit verschiedener Strahlenqualitäten berücksichtigt ist, versucht diesen Unterschied auszugleichen.

Dies hat enorme praktische Bedeutung bei allen jenen Nukliden, die in großen Mengen aus kerntechnischen Anlagen freigesetzt werden wie Tritium. Die Antwort auf die Frage, ob Kernkraftwerke und insbesondere Wiederaufarbeitungsanlagen im «Normalbetrieb», d. h. unter den behördlich genehmigten Auslegungsbedingungen, die höchstzulässigen Dosiswerte einhalten – oder nicht – hängt u. a. maßgeblich von den zur Dosisberechnung verwendeten QF-Werten ab. Für Tritium empfiehlt die ICRP den Wert 1,7, es gibt aber Versuche, aufgrund physikalischer Abschätzungen den Wert 1 zu verankern. Andererseits zeigten strahlenbiologische Experimente an Säugetier-Eizellen, daß der RBW-Wert der Dosis umgekehrt proportional ist. Im niedrigen – zur Abschätzung der Auswirkung auf große Bevölkerungsgruppen wichtigsten – Dosisbereich wurde ein RBW-Faktor von 3 festgestellt (Dobson & Kwan 1976).

Tritium oder Kohlenstoff-14 können aus anorganischen Stoffen sowohl von autotrophen als auch von heterotrophen Organismen direkt in Biomoleküle (wie Lipide, Kohlenhydrate, Proteine, Nucleinsäuren usw.) aufgenommen werden. Damit steigt die biologische Halbwertszeit und die Gefährlichkeit dieser Nuklide an. Tritium, das in Thymidin eingebaut ist, belastet die Chromosomen 50–50 000fach stärker, als wenn es an Wasser gebunden wäre (Guild 1958). Beim Zerfall eines Radionuklids muß neben der Strahlenwirkung noch der Effekt der Transmutation berücksichtigt werden, der u. a. auf der Veränderung der chemischen Eigenschaften des betreffenden Atoms beruht. Dem Zerfall eines in den Strang des DNS eingebauten Kohlenstoff-14- bzw. Phosphor-32-Atoms folgen tiefgreifende Strukturveränderungen, wie z. B. Kettenbrüche. Diesem Effekt ist künftig wesentlich mehr Aufmerksamkeit zu schenken als bisher, da die in den Nahrungsketten akkumulierten Radionuklide z. T. in Biomolekülen gebunden vorliegen.

Anreicherung in bestimmten Organen, wie z. B. Jod in der Schilddrüse oder Radium in den Knochen verursacht lokal hohe Dosen und die erhöhte Strahlenbelastung einzelner strahlenempfindlicher Organe (z. B. des Knochenmarks) kann für den Organismus schädlicher sein als die Verteilung der Strahlung über den ganzen Körper.

Untersuchungen an Mäusen mit inkorporiertem Strontium-90 haben eine unerwartet hohe Strahlenbelastung der Keimdrüsen ergeben, die auf das Tochterprodukt Yttrium-90 zurückzuführen war (Müller 1967). An diesem Beispiel wird deutlich, wie wichtig es ist, neben dem inkorporierten Nuklid seine jeweiligen Tochterprodukte und ihr Verhalten im Stoffwechsel (Organanreicherung, biologische Halbwertszeit usw.) bei der Abschätzung der Strahlenwirkung mit einzubeziehen. Im Falle der Yttrium-90-Akkumulation in den Gonaden ist infolge der hohen Strahlenbelastung der Keimzellen die Schädigung der Nachkommenschaft weitaus stärker, als wenn die absorbierte Strahlungsenergie auf den ganzen Körper verteilt wäre. Bei 20 untersuchten Organen steht die Anreicherung von Yttrium-90 in den Gonaden an fünfter Stelle; sie ist vom Geschlecht abhängig und ist im Ovar 2,5mal höher als im Hoden. Dieses Nuklid wird außerdem im Pankreas, am stärksten aber in der Hypophyse (Gehirnanhangsdrüse) angereichert (Graul & Hundeshagen 1958).

Die Hypophyse nimmt in der Steuerung des Hormonhaushalts eine zentrale Stellung ein. In der Embryonalentwicklung ist für das normale Heranreifen der Organe, z. B. der Lunge, ein voll intaktes Hypothalamus-Hypophysen-Nebennierensystem unabdingbare Voraussetzung (Knelson 1971). Sind verschiedene Organsysteme nach der Geburt zufolge einer verzögerten Entwicklung noch nicht voll funktionstüchtig, ist das Neugeborene gegenüber normalen Umwelteinflüssen in stark erhöhtem Maß anfällig.

Yttrium-90-Anreicherung und damit Strahlenschädigung der Hypophyse läßt ebenfalls diese mittelbare, indirekte Schadwirkung erwarten. Sternglass (1972 a, b) beschreibt eine starke Zunahme unreifer Geburten in der Umgebung des Dresden Reaktors (Illinois), die mit dem Maximum des Ausstoßes radioaktiver Abgase zusammenfällt und mit einem solchen Wirkungszusammenhang erklärt werden könnte (Abb. 51). Es ist anzunehmen, daß derartige indirekte Strahleneffekte an der erhöhten Kindersterblichkeit in der Umgebung von mehreren Kernanalagen mitbeteiligt sind. Während der Schwangerschaft wird das im Skelett der Mutter gespeicherte Strontium-90 mit dem Calcium laufend abgebaut und kann den Embryo mit viel höheren Dosen belasten,

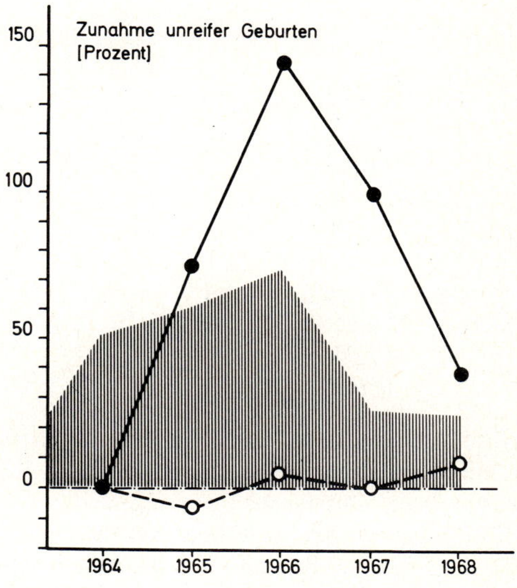


Abb. 51: Unreife Geburten, d. h. Neugeborene mit weniger als 2500 g Geburtsgewicht, im Bezirk Grundy (●—●) bzw. in 6 Kontrollbezirken (○ - - ○). Die Emission radioaktiver Gase (schraffierter Bereich) aus dem Dresden-Reaktor, Bezirk Grundy, erreichte 1966 mit 736 Kilocurie ihr Maximum (aus Illinois Vital Statistics 1963–1968, nach Sternglass 1972 a).

als aus der aufgenommenen Menge (Aktivität) zunächst zu erwarten wäre. Auch für andere Radionuklide gilt, daß nach ihrer Passage durch die Placenta und Anreicherung im Keim dieser von der Strahlung örtlich um ein Vielfaches stärker belastet wird als der Mutterorganismus (Moskalev et al. 1971, Dyer & Brill 1969).

Die überaus starke Zunahme von Pankreas-Krebs in Japan dürfte maßgeblich auf die hohe Anreicherung von Yttrium-90 in diesem Organ zurückzuführen sein (Sternglass 1973).

Während heute noch zuweilen die niedrigen Falloutaktivitäten als unbedenklich angesehen werden, hat eine multivariable statistische Studie von 61 urbanen Gebieten der USA (Lave et al. 1971) ergeben, daß die allgemeine Sterblichkeit zur Fallout-Radioaktivität in engerer Beziehung steht als zur Luftverschmutzung; der dabei gefundene Anstieg der Sterblichkeitsrate nach Erhöhung der Umweltkonzentration von Strontium-90 bzw. Caesium-137 um 10 % wird in Tab. 17 wiedergegeben.

Tab. 17: Fallout und Sterblichkeit (nach Lave et al. 1971)

| Radionuklid: | Strontium-90 | | Caesium-137 | |
|---|---|---|---|---|
| | größter Effekt | kleinster Effekt | größter Effekt | kleinster Effekt |
| Sterblichkeitsrate: | | | | |
| Gesamt | 1,11 % | — | 1,45 % | — |
| Kinder (< 1 Jahr) | 0,60 % | 0,39 % | 0,29 % | — |
| Kinder (< 28 Tage) | 0,72 % | 0,35 % | 0,32 % | 0,08 % |
| Embryo | 1,49 % | 0,58 % | 0,60 % | 0,06 % |

In der mit Plutonium und Spaltprodukten kontaminierten Umgebung der kerntechnischen Anlage Rocky Flats in Colorado wurden epidemiologische Untersuchungen angestellt. Johnson (1978) berichtete über eine signifikant erhöhte Leukämie- und Lungenkrebshäufigkeit in dieser Region. Eine vorläufige Untersuchung genetisch bedingter Mißbildungen im Nahbereich von Rocky Flats ließ zwar eine erhöhte Häufigkeit im Vergleich zu weiter entfernten Gebieten erkennen, das bisher verfügbare Datenmaterial reicht aber nicht zu statistisch abgesicherten Aussagen. Die Erhebung wird fortgesetzt. Weitere umfassende Untersuchungen auf diesem Gebiet sind dringend erforderlich.

In den Jahren 1974 und 1975 gelang einem japanischen Forscherteam (Ichikawa et al. 1977) der direkte Nachweis strahlengenetischer Effekte in der Umgebung eines Atomkraftwerkes. Als Testobjekt wurde die bereits auf Seite 107 erwähnte *Tradescantia ohiensis* verwendet und die Häufigkeit somatischer Mutationen an den Staubgefäßhaaren ausgewertet. Eine somatische Mutation, die eine Farbänderung nach rosa bewirkt, ist mikroskopisch unschwer zu erkennen. Diese Pflanzen wurden an mehreren Stellen im Umkreis eines Kernkraftwerkes vor dessen Inbetriebnahme ausgepflanzt und die Mutationsrate bestimmt. Desgleichen während der Inbetriebnahmephase der Anlage. Die Untersuchung erfaßt über eine Million Staubgefäßhaare mit insgesamt ungefähr 34 Millionen Haarzellen. Etwa 5000 Mutationen wurden festgestellt, was eine statistische Auswertung ermöglichte, die zu signifikanten Ergebnissen führte. Die Mutationsrate lag ungefähr 30 % über dem spontanen Wert und entspricht (bezogen auf Laborbefunde) einer Dosis von mindestens 300 mR. Nach offiziellen Angaben waren jedoch Gamma-Dosen von 9 mR gemessen worden. Die Diskrepanz wird damit erklärt, daß die emittierten radioaktiven Substanzen zum Teil an den Oberflächen der Pflanzen adsorbiert werden und dadurch insbesondere die wirksame Betadosis viel höher liegt.

Diese neuen Befunde sind in zweifacher Hinsicht bedeutungsvoll: Erstens weisen sie strahlengenetische Effekte im extrem niedrigen Dosisbereich nach und zweitens machen sie deutlich, daß die biologische Wirkung emittierter radioaktiver Stoffe weit höher liegen kann, als auf Grund einer Dosimetrie der Radioaktivität in der Luft oder einer rechnerisch ermittelten Ausbreitung der Emissionen zu erwarten gewesen wäre. Dieser Adsorptionseffekt stellt den ersten Schritt in der Nahrungskettenspeicherung dar.

Die hohe Empfindlichkeit früher Entwicklungsstadien wurde an Fischen besonders deutlich experimentell nachgewiesen. Schon bei Nuklidkonzentrationen, die für beruflich strahlenexponierte Personen in Trinkwasser gesetzlich zulässig sind, zeigen sich Entwicklungsstörungen an Fischeiern (Abb. 52). Die Eihüllen pelagischer Fischeier reichern Yttrium-90 gegenüber dem Wasser um den Faktor 10 000 an. Eine zunehmende Erzeugung und Freisetzung von Spaltprodukten wird somit zu einer ernsten Gefahr für die aquatischen Lebensräume. Sofern auch nur 10–20 % der Eier einiger wichtiger Fischarten wie Sardellen *(Engraulis encrasicholus)*, Meerbarben *(Mullus barbatus)* oder Stöker *(Trachurus mediterraneus ponticus)* chronisch strahlengeschädigt werden, ist – unter sonst gleichbleibenden äußeren Bedingungen – innerhalb von 15–50 Jah-

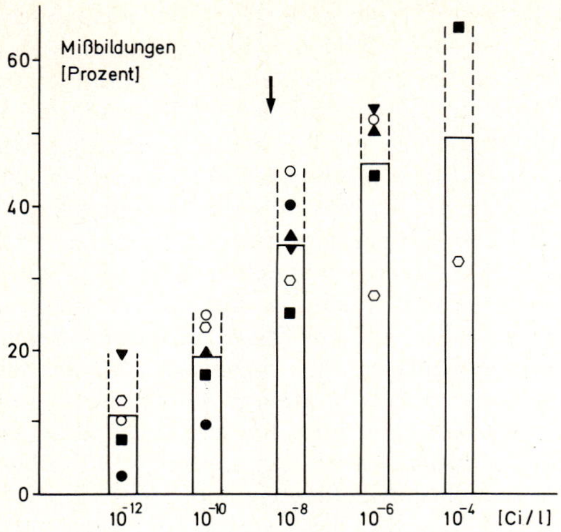


Abb. 52: Entwicklungsstörungen an Eiern von Schwarzmeerfischen in Lösungen verschiedener Strontium-90/Yttrium-90-Konzentration. ○ *Trachurus mediterraneus ponticus,* ■ *Engraulis encrasicholus,* ⬡ *Scorpaena porcus.* ▼ *Serranus scriba,* ▲ ***Mullus barbatus ponticus,*** ● **Gemisch pelagischer Eier. Maximal zulässige Konzentration in Trinkwasser:** Pfeil (nach Polikarpov 1966 a).

ren mit einem Rückgang dieser Fischbestände auf die Hälfte zu rechnen (Zaytsev & Polikarpov 1964).

In gewissem Sinne eine Sonderstellung nehmen radioaktive Aerosole (hot particles) ein, wie sie u. a. bei den Kernwaffentests und Plutoniumbränden in die Atmosphäre gelangten. In den Alveolen der Lunge werden vornehmlich Teilchen mit einem Durchmesser von etwa ein tausendstel Millimeter abgelagert. Teilchen größeren Durchmessers werden in den oberen Bereichen des Atmungstraktes vor allem durch Turbulenz in der Nase abgefangen, kleinere werden meist wieder ausgeatmet. Solche Partikel sind in der Regel unlöslich und deshalb bleibt ihre Radioaktivität auf einem winzigen Bereich konzentriert.

Plutoniumoxydteilchen von 1 $\mu$m Durchmesser haben eine Aktivität von etwa 0,5–1 pCi. Das entspricht dem scheinbar sehr geringeren Wert von 1–2 radioaktiven Zerfällen pro Minute und Teilchen; in den umliegenden Zellen ist die Dosisleistung jedoch sehr groß (geringer Abstand, hohe Energie der Alpha-Teilchen; Abb. 53). Plutonium hat außer einer langen physikalischen auch eine lange biologische Halbwertszeit von 200 Jahren (Gloyna & Ledbetter 1969). Außerdem ist die Selbstreinigungskraft der tiefen Lungenpartien gering. Der inkorporierte Strahler ist daher über lange Zeiträume wirksam. Wegen der begrenzten Reichweite der Alpha-Strahlen erstreckt sich die Wirkung nur auf eine begrenzte Zellregion, die dafür aber intensiv geschädigt wird.

Risikoabschätzungen lassen pro 10 000 in der Lunge abgelagerter Plutonium-Aerosolteilchen einen Fall von Lungenkrebs erwarten, gleichgültig auf wieviele Personen sich diese Anzahl verteilt (Geesaman 1970).

Die Strahlenschutzrichtlinien für Plutonium vernachlässigen die intensive lokale Bestrahlung mit ihrem extrem hohen Krebsrisiko und gehen von einer rechnerischen Gleichverteilung der Strahlung über die gesamte Lunge aus. Unter Berücksichtigung der lokal extrem hohen Strahlenbelastung bei inhalierten heißen Teilchen forderten Tamplin & Cochran (1974) eine Reduktion der für Plutonium-239 höchstzulässigen Konzentration um den Faktor 115 000.

Die dieser Forderung zugrundeliegende «hot particle hypothesis» ist Gegenstand intensiver Diskussionen (siehe z. B. Lovins & Patterson 1975, Kollert 1977), die noch nicht abgeschlossen sind. Es wird zunehmend deutlich, daß die gültigen Standards keineswegs so «konservativ» sind, wie stets behauptet wird. So geht die ICRP in ihren Modellvorstellungen von einer unbeeinträchtigt funktionierenden Selbstreinigung der Bronchien aus und damit von einer sehr kurzen Verweilzeit der heißen Teilchen auf dem Bronchialepithel. Die meisten Tumore entstehen in dieser Region und das Bronchialepithel ist daher eher das kritische Gewebe, als die Lungenbläschen. Unter Berücksichtigung der Tatsache, daß das Flimmerepithel der Bronchien von Rauchern stark geschädigt und damit die Verweilzeit radioaktiver Staubteilchen auf dem kritischen Gewebe wesentlich länger ist, ermittelte Gofman (1975) aufgrund dosimetrischer Überlegungen ein etwa 125fach erhöhtes Lungenkrebsrisiko von starken Rauchern gegenüber Nichtrauchern. Die von Gofman geschätzte Lungenkrebsdosis* beträgt für Nichtraucher 7,3 Mikrogramm, für Raucher 0,058 Mikrogramm in der Lunge abgelagertes Plutonium-239. Plutonium aus kommerziellen Kraftwerks-Reaktoren ist wegen der enthaltenen kürzerlebigen

* Unter einer Lungenkrebsdosis versteht man den Reziprokwert des Lungenkrebsrisikos pro Dosiseinheit. Mit anderen Worten: Eine «Lungenkrebsdosis» eines Karzinogens, das auf eine Population einwirkt, ruft einen zusätzlichen Lungenkrebsfall hervor.

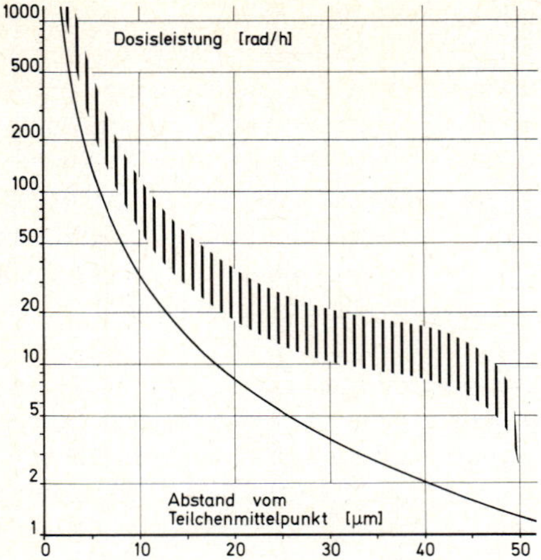


Abb. 53: Dosisleistung in der Umgebung eines radioaktiven Teilchens in biologischem Gewebe: —— Betaaktives Teilchen mit 50 pCi (nach Rajewsky et al. 1962), schraffiert: Alphaaktives Teilchen mit 0,5–1 pCi.

Isotope ca. 5,4 mal radioaktiver, als reines Pu-239. Deshalb sind die Lungenkrebsdosen um diesen Faktor kleiner. Damit ist Reaktor-Plutonium für Raucher um ca. 5 Größenordnungen stärker karzinogen als Benzpyren. Viele Strahlenmediziner halten die heutigen Plutonium-Standards für unzulässig hoch. Morgan (1975) schlägt eine Reduktion der maximal zulässigen Konzentration um einen Faktor von mindestens 200 vor.

Eine wesentliche Verschärfung der MZK-Werte für Plutonium würde die Kernindustrie, insbesondere die Brütertechnologie wesentlich erschweren, wenn nicht gar unmöglich machen. Dies erklärt auch die heftige Hartnäckigkeit, mit der die bestehenden MZK-Werte verteidigt werden.

### 4.4.4. Effekte erhöhter Umgebungsstrahlung

An Pflanzen, die in Böden mit verschiedenen Konzentrationen von radioaktivem Monazitsand gezogen wurden, zeigt sich, daß die Strahlung von inkorporierten Radionukliden (in erster Linie aus der Thorium-Reihe, siehe Seite 15) in der Auslösung von somatischen Mutationen wesentlich wirksamer ist, als die äußere Bestrahlung. «Damit ist evident, daß die natürliche Strahlenbelastung wie sie in Gegenden mit Monazitablagerungen vorkommt, ein erkennbares Maß an genetischen Schäden verursacht» (Nayar et al. 1970).

In einer Population von Skorpionen der Art *Tithyus bahiensis*, die in einer Region erhöhter terrestrischer Strahlung leben (Morro do Ferro, Brasilien, 7–13 Röntgen pro Jahr) konnte gegenüber einer Kontrollgruppe eine signifikant erhöhte Zahl von Chromosomenbrüchen in den Spermatocyten nachgewiesen werden (Takahashi 1976). Dieser Skorpion ist ein besonders günstiges Objekt für cytogenetische Studien, da er einen speziellen Zellteilungsmechanismus aufweist, bei dem Chromosomenbruchstücke in die Tochterzellen übernommen werden.

Cytogenetische Effekte, die offenbar von erhöhter natürlicher Strahlung verursacht wurden, sind auch von menschlichen Populationen berichtet worden. Aus Brasilien (Barcinsky et al. 1975) und aus Kerala, Indien (Kochupillai et al. 1976). Dem indischen Forscherteam, das an einer epidemiologischen Studie über krankhafte Schilddrüsenveränderungen in Kerala arbeitete, war ein außergewöhnlich häufiges Auftreten von erblichem Schwachsinn aufgefallen. In einer darauffolgenden eingehenden Untersuchung ermittelten sie in einer Gegend hoher Strahlenexposition eine Häufigkeit von 2,76 Fällen verschiedener Formen genetisch bedingten Schwachsinns pro 1000 Personen gegenüber, 0,67 Fällen in der Kontrollgruppe aus einem Gebiet mit normaler Strahlenbelastung (Kochupillai et al. 1976). Die festgestellte erhöhte Anzahl von Mongoliden (Idiotie oder Down's Syndrom, hervorgerufen von einem überzähligen Chromosom) im Untersuchungsgebiet ist umso bemerkenswerter, als die in der Region Kerala verzeichnete Säuglingssterblichkeit vier bis fünfmal höher ist, als in Europa und außerdem mongolide Kinder eine noch höhere Sterblichkeit aufweisen. Es wurden demnach genetische Defekte in einer Region nachgewiesen, in der eine starke «natürliche Auslese» wirkt.

Bereits 1959 haben Gentry et al. in einer epidemiologischen Studie gezeigt, daß im Staat New York in Gebieten mit erhöhter terrestrischer Radioaktivität auch die Häufigkeit angeborener Mißbildungen erhöht ist (siehe auch Seite 101). In den untersuchten Gebieten war der natürliche Strahlenpegel vergleichsweise niedrig, und zwar 8 bis 12 μR/h (bzw. 2,1 bis 3,2 R in 30 Jahren). Ein Vergleich verschiedener Berufsgruppen ergab die höchste Mißbildungsrate bei Kindern von Farmern und Landarbeitern (auf 1000 Lebendgeburten entfallen 21,6 Mißbildungen gegenüber 12,4 in Gegenden mit normaler Untergrundstrahlung). Damit zeigt sich in interessanter Übereinstimmung mit Maslov die stärkste Wirkung dort, wo durch die Feldarbeit direkte Beziehungen zum Boden bestehen und zur erhöhten äußeren Strahlenbelastung noch eine innere durch Inkorporation radioaktiver Stoffe kommen kann.

In einer terrestrischen Lebensgemeinschaft hoher natürlicher Radioaktivität fanden Maslov & Mitarbeiter (1966) bei Tieren, die mit dem Substrat innigen Kontakt haben, z. B. der Wühlmaus *Microtus oeconomus*, eine Mehrzahl morphologischer und physiologischer Defekte. Neben der gestörten Entwicklung der Keimdrüsen und Schäden an Milz, Knochenmark, Leber, Hornhaut und anderen Organen wurde eine starke Zunahme abnormer Mitosen beobachtet. Vitalitätsverlust der Population und geschwächte Abwehr negativer Umwelteinflüsse folgen daraus (verstärkter Befall mit Parasiten, weniger Reservestoffe usw.). Die Fortpflanzungsperiode ist wegen der Entwicklungsstörungen verkürzt und die Fruchtbarkeit vermindert, die Entwicklungsverzögerung ist von der Strahlendosis abhängig (Abb. 54). Die Frage nach der Lebensfähigkeit solcher Populationen und dem Grad ihrer Abhängigkeit vom Zustrom gesunden Genmaterials

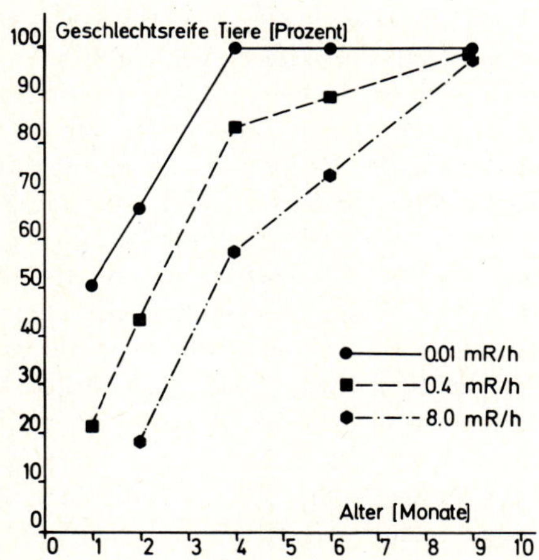


Abb. 54: In Gegenden hoher natürlicher Radioaktivität wird der Eintritt der Geschlechtsreife der Wühlmaus *Microtus oeconomus* durch den Einfluß ionisierender Strahlung verzögert (nach Maslov et al. 1966).

aus Gebieten normaler Strahlenbelastung bleibt offen; sicher hingegen ist, daß Arten mit langer Generationsdauer auf chronische Strahleneinwirkung empfindlicher reagieren als solche mit kurzer.

Wie bereits auf Seite 118 erwähnt, ist mit einem Einfluß der natürlichen Strahlung auch auf die Krebssterblichkeit zu rechnen. Einige Schwierigkeiten, die mit epidemiologischen Untersuchungen dieser Art verbunden sind, wurden ebenfalls angedeutet. Die Größe des erwarteten Effekts soll an dem folgenden Beispiel gezeigt werden. In einer Region mit einer natürlichen Strahlung von 100 mrem pro Jahr möge die Krebssterblichkeit jährlich 10 Fälle pro 6000 Menschen betragen. Die Bewohner dieser Gegend haben bis zu ihrem dreißigsten Lebensjahr 3 rem natürlicher Strahlung akkumuliert. Es soll nun die Krebssterblichkeit in einer Gegend mit 200 mrem/a berechnet werden unter Zugrundelegung der linearen Dosis/Wirkungsbeziehung und einer Verdopplungsdosis von 30 rem (Seite 116). Die bis zum 30. Lebensjahr akkumulierte Dosis beträgt in diesem Fall 6 rem, d. h. 3 rem mehr als bei der Kontrollgruppe. Das ergibt nach der auf Seite 115 (Fußnote) erklärten Formel ein Strahlenkrebsrisiko von $K_B = K_0 \times (1 + B/D) = 10/6000 \times (1 + 3/30) = 11/6000$. Der Nachweis eines so geringen Unterschiedes ist in der Praxis äußerst schwierig, wenn nicht unmöglich. Umgekehrt wäre von einer Statistik, die als Widerlegung eines Einflusses der natürlichen Strahlung auf die Krebshäufigkeit gelten könnte, zu fordern, daß sie ein Krebsrisiko nachweist, das statistisch signifikant unter den berechneten Erwartungswerten liegt. Derartige Statistiken liegen bisher nicht vor. Archer (1978), der großräumige erdmagnetische Felder, kosmische Strahlung und das Auftreten von Krebs in den USA in Beziehung gesetzt hat, kommt zu dem Schluß, daß 40–50 % aller Krebsfälle von natürlicher Strahlung verursacht sein könnten.

Bemerkenswert ist die Oberflächlichkeit, mit der solche Fragen bisweilen in der Öffentlichkeit diskutiert werden. E. Graul, Nuklearmediziner und renommierter Kernenergie-Gutachter, äußerte sich vor dem Innenausschuß des deutschen Bundestages zur natürlichen Strahlenbelastung folgendermaßen: «Wir selbst sind ein wissenschaftlicher Beweis dafür, daß die natürliche Strahlenbelastung für den Menschen human und mit keinerlei Risiken verknüpft ist» (Graul 1974). Mit dieser Aussage wird der Eindruck erweckt, ein Schädigungsfaktor (die natürliche Strahlung) sei zu vernachlässigen, solange es Menschen gibt, die darüber diskutieren können. Es besteht kein Zweifel daran, daß die an der Evolution beteiligte spontane Mutationsrate z. T. von der natürlichen Strahlung ausgelöst wird. Die überwiegende Zahl der Träger von Erbschäden wurden von der natürlichen Auslese an der Fortpflanzung gehindert, nur ein winziger Bruchteil der Mutationen bedeutet einen Auslesevorteil für seine Träger. Die Evolution kann daher als ein verschwenderischer, aber gnadenloser Prozeß angesehen werden, der sich auf Kosten von Myriaden Opfern der natürlichen Strahlung vollzogen hat. Die Unschädlichkeit der natürlichen Strahlung kann aus der Existenz der Überlebenden dieses Prozesses nicht abgeleitet werden.

## 4.5. Ionisierende Strahlung und Evolution

### 4.5.1. Auslese und Anpassung

Die gegenwärtige Organismenwelt ist das Ergebnis einer mehr als 500 Millionen Jahre dauernden Entwicklungsgeschichte. Aus relativ einfachen Urorganismen entstand im Laufe geologischer Zeiträume die uns heute bekannte Artenvielfalt im Tier- und Pflanzenreich. Diese Stammesentwicklung mit der zunehmenden Komplexität der Organismen, die häufig in dem Begriff Höherentwicklung zusammengefaßt wird, ist nicht regellos erfolgt. Zwei Prinzipien bewirken die Evolution der Organismen: Variation und Selektion. Für Rassen- und Artbildung sind außerdem verschiedene Isolationsmechanismen wesentlich mitbeteiligt.

Die Wirksamkeit und das Ausmaß der natürlichen Auslese erkennt man am deutlichsten daran, daß sie die Überproduktion der Vermehrung, die bei vielen Arten außerordentlich groß ist, soweit reduziert, daß von jedem Elternpaar im Durchschnitt in jeder Generation nur zwei sich fortpflanzende Nachkommen übrigbleiben (Schwerdtfeger 1963). Dieser Vorgang wurde schon vor über 100 Jahren von Darwin erkannt und als Überleben der Tauglichsten im Kampf ums Dasein bezeichnet. Die vielfältigen, sich dauernd mehr oder minder verändernden Faktoren der Umwelt bevorzugen jeweils nur einen schmalen Ausschnitt der aus richtungslosen, sprunghaften Spontanmutationen und Genkombinationen resultierenden Variationsbreite, und die weniger gut angepaßten Individuen fallen mit höherer Wahrscheinlichkeit der Selektion zum Opfer. Je größer die Variationsbreite der Eigenschaften ist, desto eher kann sich die Art an Umweltänderungen anpassen. Dabei hat sich die geschlechtliche Vermehrung, die im

Organismenreich eine dominierende Stellung einnimmt, als besonders vorteilhaft erwiesen. Während die Variationsbreite in Populationen von Organismen mit ungeschlechtlicher Vermehrung allein auf die Spontanmutationen zurückgeführt werden muß, ermöglicht die Vielzahl der Genkombinationen bei geschlechtlicher Vermehrung eine zusätzliche Variation der Eigenschaften.

In der Regel finden wir eine multiple Genwirkung (Polygenie, Polyphänie, siehe Kapitel 4.3.1). Dazu kommt bei höheren Organismen das Vorhandensein zweier homologer Chromosomensätze, die von den Eltern stammen und bei der Befruchtung verschmelzen. Die Wirkung eines mutierten Gens kann vom normalen Allel überdeckt werden (rezessive Mutation), wird daher im Phänotyp nicht sichtbar und bietet dementsprechend der natürlichen Auslese keinen Ansatz. Der Vorteil dieses Prinzips der Diploidie besteht darin, daß in natürlich lebenden Populationen ein höheres Maß an genetischer Variabilität zustande kommt, was eine raschere Anpassung an geänderte Umweltbedingungen erleichtert.

Je komplizierter ein Organismus aufgebaut, und je besser er an eine spezielle Umwelt angepaßt ist, desto geringer wird allerdings die Wahrscheinlichkeit, daß eine Mutation als richtungslose Änderung der Erbanlagen einen Auslesevorteil mit sich bringt. Jede Änderung äußert sich vielmehr als Störung eines in Harmonie mit sich und der Umwelt befindlichen Systems. Als positive Mutation ist dem entgegen eine Erbänderung zu verstehen, die Merkmale bedingt, die die Chancen ihres Trägers verbessern, einen Beitrag zum Genpool der nächsten Generation zu leisten (fortpflanzungsfähige Nachkommen zu erzeugen; Mayr 1967). Das heißt mit anderen Worten, eine positive Mutation bedeutet einen Auslesevorteil gegenüber den Artgenossen. Dieser Begriff ist im Bereich der menschlichen Zivilisation nicht sinnvoll, denn es müßte sonst beispielsweise erblicher Schwachsinn, dessen Träger eine überdurchschnittliche Nachkommenzahl aufweisen (Fritz-Niggli 1961), definitionsgemäß als positive Mutation aufgefaßt werden. Dazu ist bemerkenswert, daß in den letzten Jahrzehnten in den USA die Auslese gegen Schizophrenie stark abgenommen hat (Cavalli-Sforza & Bodmer 1971).

Anders liegen die Dinge bei Populationen, die unter Bedingungen starker Auslese leben. So hat die Erfahrung der letzten Jahre gezeigt, daß bei einer ganzen Reihe von Insektenarten pestizidresistente Stämme aufgetreten sind. Diese tierischen Schädlinge mit ihrer Fähigkeit zur Massenvermehrung können bei Anwendung chemischer Agentien niemals völlig ausgerottet werden. In den sehr individuenreichen Populationen finden sich auf Grund der natürlichen Variationsbreite zumeist einige giftresistente Mutanten, deren Nachkommen nach wenigen Generationen die gesamte Population neu aufbauen können. Das bedeutet, daß Schadinsekten auch scharfen künstlichen Auslesebedingungen gewachsen sind. Der Mensch, seine Haustiere und Nutzpflanzen erleiden im Gegensatz dazu als Folge verminderter natürlicher Auslese einen zunehmenden Verlust an Resistenz im weitesten Sinne und dementsprechend an Vitalität.

In dieser divergierenden Entwicklung sieht Briejèr (1970) eine ernste Gefahr für die Zukunft, indem sich dem Menschen die Möglichkeiten wirksamer chemischer Schädlingsbekämpfung entziehen.

Die Erhöhung der Radioaktivität in der Umwelt mit ihren mutagenen Einflüssen beschleunigt diesen Vorgang, weil sie den Insekten über die Vergrößerung der Variationsbreite die Bildung resistenter Stämme gegen stärkste und kombinierte Biozide erleichtert, während sich beim Menschen die nachstehend beschriebenen negativen Folgen einstellen. Damit wird um so mehr eine Situation absehbar, in der die Anwendung einer Vielfalt immer stärker toxischer Chemikalien notwendig wird, die schließlich den Menschen mehr gefährden als die Schädlinge, die er bekämpft.

Die Tatsache, daß die organische Welt seit ihren Anfängen den Einflüssen der natürlichen Umweltstrahlung ausgesetzt war, verleitet zu der Ansicht, daß die Organismen sich an diesen Einfluß gewöhnt haben könnten, so wie auch gegenüber anderen schädlichen Agentien Resistenz auftreten kann. Von der energiereichen Strahlung werden über Ionisation und Anregung in der Zelle vielfältige strahlenchemische Reaktionen ausgelöst, deren z. T. toxische Endprodukte auf unterschiedliche Weise in die zyklischen Stoffwechselvorgänge eingreifen können. Deshalb kann im Gegensatz zu einem einheitlichen Giftstoff (wie etwa einem bestimmten Bakterientoxin) keine spezifische Resistenz gegen ionisierende Strahlung ausgebildet werden.

Die insbesondere an Mikroorganismen nachgewiesenen und möglicherweise im Organismenreich verbreiteten DNS-Reparaturmechanismen (siehe auch Kapitel 4.2) stellen eine phylogenetisch erworbene Anpassung an energiereiche Strahlung dar und es wäre immerhin denkbar, daß diese Enzymsysteme bei den Bewohnern von Gebieten besonders hoher Umweltstrahlung einen besseren Wirkungsgrad erreichen. Werden Dosis/Wirkungs-Beziehungen von diesen Gebieten auf solche mit normalem Strahlenpegel übertragen, dann würde demzufolge das Ausmaß der Strahlenschäden unterschätzt.

Da aber bei strahleninduzierten Mutationen selbst unter optimalen Laborbedingungen ein nicht reparierter Anteil verbleibt, ist ein Teil der unter natürlichen Bedingungen auftretenden spontanen Mutationen auf die natürliche Strahlenbelastung zurückzuführen. In frei lebenden Populationen befindet sich der Zustrom an Neumutationen mit der Auslese im Zustand eines Fließgleichgewichtes. Dieser Gleichgewichtszustand eines Genpools kann auf verschiedene Weise beeinflußt werden. Ein gutes Beispiel ist die Domestikation verschiedener Tierarten durch den Menschen, die primär auf einer Abschwächung der natürlichen Auslese beruht. Viele Mutationen, die unter normalen Bedingungen der Selektion zum Opfer gefallen wären, bleiben erhalten. Es resultiert eine Erhöhung der Variabilität körperlicher Merkmale und der angeborenen Verhaltensweisen, die dann der künstlichen Auslese Ansatzmöglichkeiten bietet (Abb. 55). Während der Phänotyp der Wildformen unter natürlichen Bedingungen einen Kompromiß zwischen komplexen und unter Umständen entgegengesetzt gerichteten Selektionsdrücken verkörpert (Mayr 1967), werden mit künstlicher Zuchtwahl spezielle und oft einseitige Zuchtziele angestrebt. Die künstliche Zuchtwahl stellt einen außerordentlich wirksamen Isolationsmechanismus dar, was durch die starken phänotypischen Unterschiede der Haustiere, z. B. der Hunderassen, die

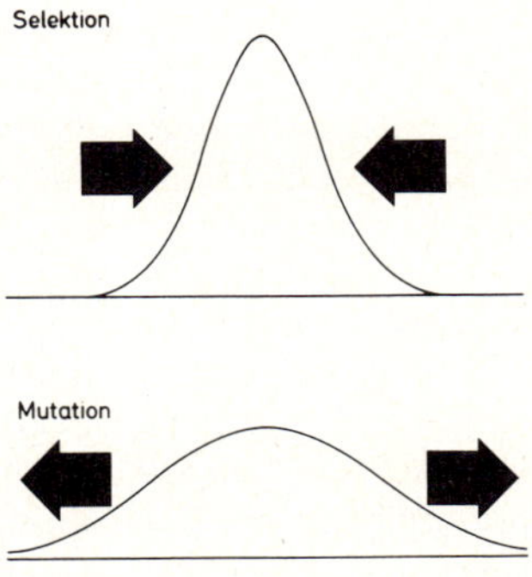


Abb. 55: Veränderung der Streubreite von körperlichen Merkmalen und Eigenschaften unter dem Einfluß von Mutation und Selektion (nach Weish & Gruber 1973 a).

alle in wenigen Jahrtausenden aus der Stammform Wolf hervorgegangen sind, dokumentiert wird.

Der zweite mögliche Weg, die Variationsbreite der Eigenschaften zu erhöhen, besteht in der Verstärkung des Zustroms an Neumutationen mit Hilfe ionisierender Strahlung.

Da bei höheren Organismen ungerichtete genetische Veränderungen fast immer schwere Störungen bewirken, ist diese Methode der Mutationszüchtung wegen der untragbar hohen Verlustrate in der Tierzucht nicht zielführend. Einseitige Betonung und konsequente Verfolgung bestimmter Zuchtziele hat in etlichen Fällen dazu geführt, daß man sich heute an der Grenze eines pathologischen Zustandes bewegt (Herre 1954), wobei die jeweiligen positiven Merkmale von zahlreichen unerwünschten Eigenschaften begleitet werden, wie z. B. Resistenzverminderung, Vitalitätseinbuße, Verhaltensanomalien usw.

Die als positiv angesehenen Merkmale erhöhen zwar die Nützlichkeit des betreffenden Haustieres für den Menschen, sind aber von den positiven Mutationen, die im Laufe der Phylogenie aufgetreten sind, streng zu unterscheiden. Gerade die wertvollsten Haustierrassen sind in freier Wildbahn ihren Stammeltern im Kampf ums Dasein weit unterlegen.

### 4.5.2. Zivilisation und Selbstdomestikation

Mit der menschlichen Zivilisation wurden in vielen Gebieten der Welt die früher sehr zahlreichen wirksamen Auslesebedingungen (Hunger, Krankheit usw.) zunehmend abgeschwächt oder ausgeschaltet. Dazu haben vor allem medizinische und hygienische Fortschritte sowie soziologische Veränderungen beigetragen. Aus dieser Ausleseverminderung zusammen mit der natürlichen Mutationsrate folgt analog zur Haustierzucht eine Anhäufung von Mutationen. Es kommt so zu einer dauernden Anreicherung genetischer Schäden, da im allgemeinen die Fortpflanzungswahrscheinlichkeit erbkranker Menschen – unter Berücksichtigung medizinischer Betreuung in der Hochzivilisation – in den meisten Fällen nicht geringer ist als die gesunder Menschen.

Die Symptome erblicher Stoffwechselkrankheiten sind vielfältig, wie z. B. Epilepsie, Schwachsinn, Kretinismus, Vitamin-D-resistente Rachitis und verschiedene Formen cerebraler Degeneration (Diem & Lentner 1968). Danebçn finden sich Augenanomalien sowohl morphologischer als physiologischer Natur, die Ursache mannigfaltiger Formen von Fehlsichtigkeit und Erblindung sein können. Wie folgenschwer sich eine einzige Sequenzänderung der Basen in der DNS auswirken kann, zeigt sich am Beispiel des Hämoglobin S, das Ursache der Sichelzellenanämie ist (derzeit sind etwa 80 abnorme Hämoglobine bekannt). Es unterscheidet sich vom normalen Hämoglobin nur in einer einzigen der 146 Aminosäuren, die das Molekül aufbauen.

Viele Erbkrankheiten werden von Enzymdefekten verursacht. In den letzten Jahren hat die Kenntnis derartiger Zusammenhänge stark zugenommen (Abb. 56). Die Fortschritte der pharmazeutischen Forschung und der therapeutischen Maßnahmen ermöglichen es uns heute in vielen Fällen, die Krankheitssymptome zu lindern oder völlig zu unterdrücken; wegen des genetischen Ursprungs ist eine echte Heilung dieser Krankheiten jedoch unmöglich. Von besonderer Bedeutung ist die Erkenntnis, daß bei einem Großteil aller Krankheiten genetische Komponenten beteiligt sind und daß daher eine steigende Zahl von Erbänderungen das Auftreten der meisten Krankheiten vermehren würde. Das Ausmaß der letalen Folgen einer erhöhten Mutationsrate ist deshalb etwa um den Faktor 50 höher anzusetzen, als noch vor wenigen Jahren, denn bei der Abschätzung der genetischen Gefährdung des Menschen durch Strahlung fanden meist nur einige auffällige, aber relativ seltene Erbkrankheiten (wie z. B. Hämophilie oder achondroplastischer Zwergwuchs) Berücksichtigung.

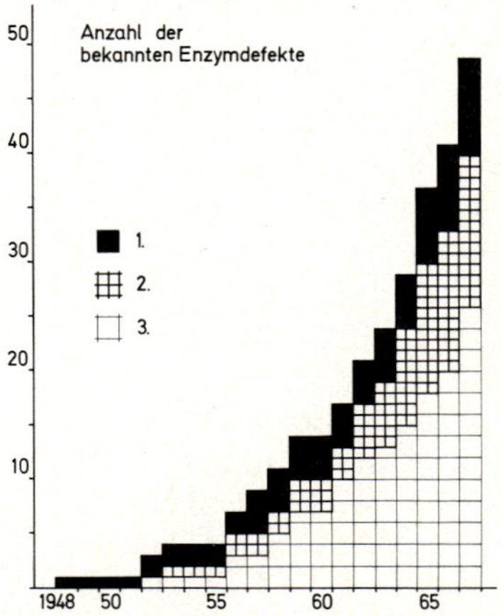


Abb. 56: Diagnostische Fortschritte in der Kenntnis erblicher Enzymdefekte als Krankheitsursachen: 1. in der Regel letal, 2. Schwachsinn, bzw. schwere körperliche Symptome, 3. leichte körperliche Symptome bzw. symptomlos (Zahlenangaben aus Cavalli-Sforza & Bodmer 1971).

Der Umstand, daß die meisten menschlichen Erbschäden keine drastische Vitalitätsverminderung mit sich bringen, ist für die Menschheit als Ganzes keineswegs tröstlich. Während Mutationen, die starke Beeinträchtigungen verursachen, von der Auslese relativ rasch eliminiert werden, wirken Erbänderungen mit schwacher Schadwirkung über viele Generationen weiter. Die Schädigung pro Generation und die Zahl aller Generationen mit dieser Schädigung stehen in einer reziproken Beziehung, und der von einem Gen verursachte Gesamtschaden ist deshalb für alle belastenden Gene der gleiche. Das gilt allerdings nur für eine menschliche Population mit gleichbleibender Größe (Hardin 1959).

In einer wachsenden Population stellen Gene, die eine geringere Vitalitätsverminderung mit sich bringen, eine höhere Belastung dar, da ein größerer Teil des Schadens an künftige individuenreichere Generationen weitergegeben wird.

Trotzdem werden zuweilen noch Hoffnungen geäußert, daß eine Erhöhung der Mutationsrate eine Vermehrung der Zahl positiver Mutationen mit sich bringt, die eine «Verbesserung des Menschen» ermöglichen könnte. Wir kennen jedoch heute zwar viele negative Mutationen als Erbkrankheiten des Menschen, nicht aber eine einzige positive Mutation. Davon abgesehen ist ein Einzelindividuum mit einer fiktiven positiven Mutation gleichzeitig von einer Unzahl negativer belastet und somit die «Auslese» unmöglich.

Außergewöhnlich begabte Menschen sind keine Mutanten, sondern aus einer besonders glücklichen Genkombination hervorgegangen. Eine steigende Mutationshäufigkeit und die Verbreitung der Erbschäden im Laufe der Generationen wird daher die Möglichkeit zu menschlichen Spitzenleistungen zwangsläufig verringern. Eine genetische Verbesserung der Menschheit ist deshalb auf diesem Weg ausgeschlossen (Weish & Gruber 1973 b).

Der Wegfall oder doch zumindest die starke Einschränkung der natürlichen Auslese führt in der Zivilisation zu einer zunehmenden Selbstdomestikation des Menschen. Neben erblichen Stoffwechselkrankheiten und Mißbildungen treten auch Anomalien der erblichen instinktiven Grundlagen des menschlichen Verhaltens auf, wie dies Lorenz (1950) überzeugend dargelegt hat. Im Tierexperiment bei Labyrinthversuchen hat die Lernfähigkeit der Nachkommen bestrahlter Ratten abgenommen (Newcombe & McGregor 1964), und in einer bestrahlten Mäusepopulation ergab sich im Laufe der Generationen nicht nur eine allgemeine Fitness-Abnahme, sondern auch ein zunehmender Hang zum Kannibalismus (Spalding et al. 1966).

Weil beim Menschen gegenwärtig die Wahrscheinlichkeit gering ist, daß die gleichen Gene beider elterlichen Keimzellen geschädigt sind, und weil die Erbschäden überwiegend rezessiv sind, ist vorerst nur ein Bruchteil dieser Defekte erkennbar. Der Zustrom von Neumutationen führt aber bei eingeschränkter Auslese zwangsläufig zu einer Anhäufung geschädigter Erbanlagen in der menschlichen Population, die Erbschäden werden aber zunächst zum Großteil durch die starke Durchmischung der Bevölkerung kompensiert. «Ist jedoch annähernd Panmixie der Bevölkerung erreicht, so wird die Ansammlung defekter Allele zwangsläufig in steigendem Maße erkennbar werden (Bresch 1970).»

## 5. Strahlenschutz

Bereits in der Frühzeit der Anwendung ionisierender Strahlung wurde es notwendig, die Strahlenbelastung zu begrenzen, da z. B. bei der Verwendung von Röntgenstrahlung häufig akute Strahlenschäden zu verzeichnen waren. Im Jahre 1925 wurde anläßlich des ersten internationalen Radiologenkongresses die «International Commission for Radiological Units and Measurements» gegründet und die zur Auslösung eines bestimmten Grades von Erythem (Hautrötung) erforderliche Strahlenmenge (ca. 50–100 Röntgen) als maximal zulässige Jahresdosis aufgestellt. Seither wurden die zulässigen Grenzdosen für beruflich strahlenexponierte Personen stufenweise von den verschiedenen nationalen und internationalen Gremien reduziert, bedingt durch eine verbesserte, aber bei weitem nicht vollkommene Kenntnis der Strahlenschäden. Die für beruflich Strahlenexponierte geltenden Dosiswerte wurden mit einer «Halbwertszeit» von etwa 7 Jahren reduziert (Abb. 57).

Die industrielle Anwendung der Kerntechnik führt sowohl zu einer Ausdehnung des Kreises der beruflich strahlenexponierten Personen, als auch zur Erhöhung der Strahlenbelastung der Gesamtbevölkerung, die ebenfalls in die Strahlenschutzüberlegungen einbezogen wurde.

Die Empfehlungen der Internationalen Strahlenschutzkommission bezwecken eine Begrenzung der somatischen Schädigung von Einzelpersonen und der genetischen Schädigung der Gesamtbevölkerung. Gemäß dem obersten Leitsatz des Strahlenschutzes ist die Strahlenbelastung so gering wie möglich zu halten.

### 5.1. Die Problematik der höchstzulässigen Dosen

Für beruflich strahlenexponierte Personen empfiehlt die ICRP (International Commission on Radiological Protection) folgende höchstzulässige Dosen:

| | |
|---|---|
| Gonaden und rotes Knochenmark (und der ganze Körper im Fall gleichmäßiger Bestrahlung) | 5 rem/a |
| Haut, Schilddrüse, Knochen | 30 rem/a |
| Hand und Unterarme, Füße und Knöchel | 75 rem/a |
| alle anderen Organe | 15 rem/a |

In dieser Zusammenstellung spiegeln sich die praktischen Erfordernisse der Nuklearindustrie wider. Darüber hinaus stellen die angegebenen Zahlen als fiktive Rechengrößen die Arbeitsgrundlage zur Ermittlung der maximal zulässigen Konzentration (MZK) radioaktiver Stoffe in Trinkwasser und Atemluft dar.

Die für begrenzte Personengruppen (z. B. im Umkreis von Kernkraftwerken und nukleartechnischen Anlagen) zulässigen Dosiswerte und Radionuklidkonzentrationen wurden von der

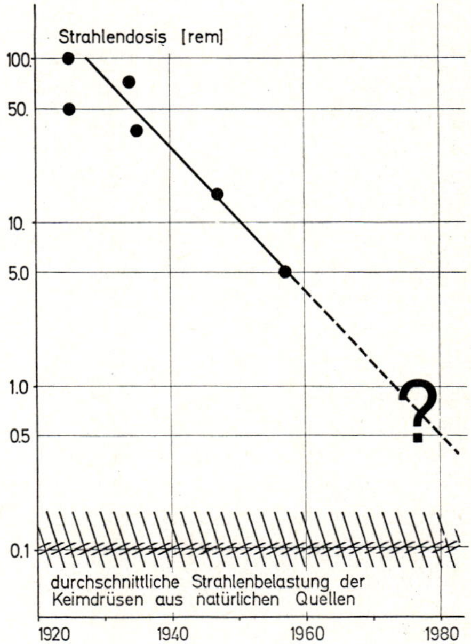


Abb. 57: Die maximal zulässigen Jahresdosen für beruflich Strahlenexponierte in Abhängigkeit vom Zeitpunkt der Festsetzung. Mit Ausnahme der Werte von 1925 ist bei den Grenzdosen der folgenden Festsetzungen eine akute Bestrahlung im Umfang der Jahresdosis ausgeschlossen (nach Pauling 1958; seither keine Änderung).

ICRP um den Faktor 10 niedriger angesetzt. Die Anwendbarkeit der MZK-Werte außerhalb des kontrollierten Bereiches ist infolge der komplizierten Beziehungssysteme (siehe Kapitel 4.4 ff.) fragwürdig und nicht selten anfechtbar. «Das Ausmaß, um das die Grenzdosen für Einzelpersonen in der Bevölkerung geringer sein sollten als die für Strahlenarbeiter festgesetzten, hängt von Faktoren ab, für die keine allgemein akzeptierten quantitativen Werte bestehen. Jedenfalls wird es zum Zweck der Planung für dienlich erachtet, die Grenzdosen für Einzelpersonen in der Bevölkerung um einen Faktor 10 niedriger anzusetzen als denjenigen für Strahlenarbeiter. Der Größe dieses Faktors sollte keine übertriebene biologische Bedeutung beigemessen werden, da gegenwärtig die strahlenbiologische Kenntnis in dieser Hinsicht unzureichend ist (ICRP 9:43).»

Für die Gesamtbevölkerung empfiehlt die ICRP den Reduktionsfaktor 30. Dabei handelt es sich um eine auf längere Sicht schwerwiegende Entscheidung: «Es ist von der allergrößten Bedeutung, daß jetzt nichts geschieht, das sich später als ernste Gefahr herausstellt, wenn eine Korrektur nicht mehr möglich oder extrem kostspielig sein würde (ICRP 9 : 15).» Auf Grund dieser Feststellung erwartet man eine überzeugende Begründung, warum gerade 5 rem als höchstzulässige Strahlenbelastung pro Generation (zusätzlich zu natürlicher Umweltstrahlung und medizinischer Exposition) empfohlen werden; die ICRP führt dazu aus: «Die Kommission ist der Ansicht, daß dieser Wert [5 rem pro Generation] einen vernünftigen Spielraum für die Atomenergieprogramme der absehbaren Zukunft schafft. Es sollte hervorgehoben werden, daß dieser Wert möglicherweise wegen der Unsicherheiten in der Abschätzung der möglichen Schäden und der wahrscheinlichen Vorteile kein richtiges Gleichgewicht zwischen Schäden und Nutzen repräsentiert (ICRP 9 : 15).»

Diese Dosisfestsetzungen wurden also nicht primär mit dem Ziel vorgenommen, strahlenbedingte Gesundheitsschäden auszuschließen, sondern der Kerntechnik einen «vernünftigen» *Spielraum* zur Expansion zu schaffen.*

---

* In ihrer Publikation Nr. 26 deutet die ICRP (1977) an, daß ihre Empfehlung der Grenzdosis für die Gesamtbevölkerung nicht aufrecht erhalten werden sollte, weil «es sehr unwahrscheinlich ist, daß verantwortliche Behörden eine durchschnittliche Dosis in der Bevölkerung zulassen, die mehr als einen geringen Bruchteil der früher empfohlenen genetischen Grenzdosis von 5 rem in 30 Jahren ausmacht». Der Strahlenschutz hat

Die Unsicherheiten in der Abschätzung sind grundlegender Art, gilt es doch Gesundheitsverlust und Unternehmensgewinn gegenüberzustellen, wobei sich Nutzen und Schaden auf verschiedene Gruppen verteilen. Darüber hinaus läßt sich die Zulässigkeit von Grenzwerten nicht von der Verantwortlichkeit für ihre Konsequenzen trennen: «Genetiker werden oft gefragt, welche Strahlendosis toleriert werden könnte. Die Antworten sind unterschiedlich und werden meist nur widerstrebend gegeben, denn es gibt auf diese Frage keine Antwort. Abgesehen von der Tatsache, daß das heute vorliegende Versuchsmaterial zwar eindeutig Erzeugung schädlicher Mutationen durch Strahlung beweist, aber für quantitative Angaben den Menschen betreffend noch recht unvollkommen ist, müßte für eine solche Antwort festgelegt sein, ob wir eine Verdopplung, Verzehnfachung oder Verhundertfachung der heute durch Spontanmutationen bedingten Fehlgeburten, Mißbildungen und Erbkrankheiten für ‹tragbar› halten.

Entscheidend in unserer Verantwortung für spätere Generationen ist die Tatsache, daß erst nach genügender Verbreitung der rezessiven Defekte durch weitere Fortpflanzung der heutigen

---

seine Aufgabe, der Kernindustrie einen «vernünftigen Spielraum» zur Expansion zu schaffen, somit mehr als ausreichend erfüllt, was die Konzession zur Bestrahlung der Gesamtbevölkerung betrifft. Ganz anders sieht es bei den Grenzdosen für Strahlenarbeiter aus. Bisher war es üblich, die höchstzulässigen Dosen für beruflich strahlenexponierte Personen als «sicher», sowie das Strahlenkrebsrisiko als vernachlässigbar zu bezeichnen und finanzielle Ansprüche der Hinterbliebenen an Krebs gestorbener Strahlenarbeiter abzulehnen. Angesichts der neuen, in Kapitel 4.3.2. zitierten Befunde, wonach das Krebsrisiko wahrscheinlich etwa 10 mal höher ist, als bisher angenommen wurde, dürfte diese Praxis nicht mehr lange aufrecht zu erhalten sein. Die Anerkennung von Krebs als Berufskrankheit stößt aber ebenfalls auf Schwierigkeiten. Nach Kneale et al. (1978) sind etwa 5 % der unter Hanford-Arbeitern aufgetretenen Krebsfälle strahlenbedingt. Da im Einzelfall zwischen «spontanem» Krebs und «Strahlenkrebs» nicht unterschieden werden kann, ist eine gerechte Zuordnung einer Entschädigung nicht möglich. Aus finanziellen Gründen und um ihrem Image nicht zu schaden, wird die Kernindustrie jedoch sicher nicht alle Krebsfälle als berufsbedingt anerkennen. Als einziger Ausweg zeichnet sich eine – ohnehin seit langem geforderte – Reduktion der höchstzulässigen Dosen für beruflich strahlenexponierte Personen ungefähr um den Faktor 10 ab. Das würde allerdings manche Prozesse in der Kernindustrie – Reparaturen, Wiederaufarbeitung usw. erheblich verteuern bzw. unmöglich machen.

Menschheit die Katastrophe über unsere Enkel und Urenkel hereinbrechen kann, auch wenn wir heute den Eindruck einer normalen Situation haben (Bresch 1970).»

## 5.2. Möglichkeiten und Grenzen des Strahlenschutzes

Um den praktischen Strahlenschutz besser zu verstehen, ist es nützlich, zwischen seinen Funktionen und dem dazu notwendigen organisatorischen Apparat zu differenzieren.

Seine Aufgabe besteht darin, die Strahlenbelastung beim Umgang mit Strahlenquellen (z. B. in kerntechnischen Anlagen, in der medizinischen Radiologie usw.) zu begrenzen. Dazu werden, je nach der Gefahrenklasse des Arbeitsplatzes, Richtlinien für das Arbeitsverhalten vorgeschrieben; außerdem sind entsprechende Maßnahmen bei Störfällen vorgesehen. Die Verbesserung von Methoden und Arbeitsabläufen sowie die Kontrolle ihrer Durchführung fallen ebenfalls unter die Obliegenheit des Strahlenschutzes, der er mit Aufwendungen für meßtechnische Einrichtungen und dosimetrische Überwachung der Beschäftigten nachkommt.

Die mit Abluft und Abwässern in die Umgebung freigesetzten radioaktiven Stoffe werden mehr oder minder konsequent von den Überwachungsanlagen registriert. Mit der Verteilung der Radionuklide in der Umwelt (siehe Kapitel 4.4.1. und folgende) erlischt der Einfluß des Strahlenschutzes.

Das geringe Ausmaß der Kernenergieproduktion macht es verständlich, daß ihre Nebeneffekte noch nicht ernst genommen und – gemessen an anderen Umweltgefahren – als gering bezeichnet werden. Das beabsichtigte Wachstum der Atomwirtschaft – sie wird, wenn alles planmäßig weiterläuft, vor allem durch den Verkauf von Kernkraftwerken ihren Umsatz etwa alle 6 Jahre verdoppeln – erklärt sich aus den exorbitanten Gewinnerwartungen, die sich auf Investitionsvorleistungen in der Nuklearrüstung gründen und von massiven staatlichen Subventionen nicht nur finanzieller Art weiter genährt werden.

Mit der Kerntechnik wachsen der Apparat des Strahlenschutzes und sein Einfluß in vielen Bereichen des öffentlichen Lebens. Dieser Einfluß wird eingesetzt um über eine prinzipielle Bejahung und Förderung des Ausbaus der Kerntechnik dem Bestreben des Strahlenschutzapparates nach Selbstvergrößerung und Machtausweitung zu dienen (Moeller 1971). Mit dieser Entwicklung ist zwingend eine Erhöhung der Strahlenbelastung der Gesamtbevölkerung verbunden, was zeigt, daß der institutionalisierte Strahlenschutz seinen obersten Leitsatz, die Strahlenbelastung so gering wie möglich zu halten, zur Leerform entwertet.

Es ist daher nicht weiter verwunderlich, daß Kritiker, die die Nichtausweitung bzw. Nichtanwendung der Kernenergie aus dem Bereich des Möglichen nicht ausschließen, mit empfindlichen Reaktionen bis heftigen Anfeindungen insbesondere von Strahlenschutzfunktionären Bekanntschaft machen.

## 6. Schlußbetrachtungen

Die Elektrizitätsproduktion in Kernkraftwerken verleitet zu der Ansicht, daß die Kerntechnik als Ganzes einen positiven Beitrag zum Energieaufkommen leistet. Wären die Kernindustrie und ihre Zulieferfirmen heute ausschließlich auf diejenige Energie angewiesen, die in den Kernkraftwerken erzeugt wird, kämen sie wegen ihrer eigenen Energiekrise zum Stillstand. Es ist zu erwarten, daß dieses Verhältnis fortbesteht, solange ihr exponentielles Wachstum anhält – ein Wachstum, das Prognosen zufolge dasjenige anderer industrieller Bereiche bei weitem übertreffen soll.

Darüber hinaus ist zum Ausbau der Nuklearindustrie bis hin zur Abfallagerung ein hoher Einsatz seltener Rohstoffe erforderlich, die nach ihrer radioaktiven Verseuchung der Wiederverwendung entzogen sind. Die Kerntechnik erweist sich als ein Bereich, durch den bei weitem größere Probleme geschaffen als gelöst werden.

Die mit großem Aufwand genährte Hoffnung, der wissenschaftlich-technische Fortschritt könne die schädlichen Nebenwirkungen unserer Zivilisation im folgenden Entwicklungsstadium überwinden, erweist sich im Lichte einer kritischen Betrachtung und nüchternen Retrospektive als gefährliche Illusion. Mehr noch als für die toxische Gesamtsituation (Eichholtz 1956), mit der bislang, wenn überhaupt, recht erfolglos gekämpft wird, gilt dies für die irreversible Radiointoxikation unserer Lebensbereiche, die sich unmerklich, aber mit der Ausweitung der Kerntechnik unlösbar verbunden, bereits abzuzeichnen beginnt.

Neben den Gesundheitsschäden, verursacht durch die behördlich genehmigten Emissionen radioaktiver Stoffe während des Normalbetriebes kerntechnischer Anlagen, kann das Gefahrenpotential schwerer Unfälle nicht außer Betracht gelassen werden. Die in der Regel diminuierte Eintrittswahrscheinlichkeit nuklearer Katastrophen – mit der überhaupt nichts über ihren Eintrittszeitpunkt ausgesagt werden kann – darf nicht über die neuen Dimensionen drohender Zerstöhrung von Leben, Gesundheit und

Umwelt des Menschen, und zwar über viele Generationen, hinwegtäuschen.

Die im Hinblick auf die Bevölkerung notwendige Garantie der erforderlichen Sicherheit in allen Zweigen der Kernindustrie ist wegen der nie auszuschließenden Möglichkeiten menschlichen Fehlverhaltens, terroristischer und erpresserischer Anschläge sowie Sabotage (von kriegerischen Auseinandersetzungen überhaupt abgesehen) nicht zu erbringen. Der Diebstahl von Plutonium aus dem Brennstoffzyklus und eines schwarzen Marktes dafür wird von den verschiedenen Atomenergie-Organisationen als reale Gefahr der Zukunft gesehen, da dann nationalen und internationalen Verbrecherorganisationen ein Druckmittel bisher unbekannter Wirksamkeit zur Verfügung steht – wenige Gramm Plutonium reichen aus, ganze Stadtviertel radioaktiv zu verseuchen, 5–10 Kilogramm genügen, um eine Atombombe zu bauen (Willrich & Taylor 1974).

Es geht daher nicht um die Frage, wie die Kerntechnik perfekt für den Menschen gemacht werden kann, das unüberwindliche Hindernis besteht darin, den Menschen perfekt für die Kerntechnik zu machen. Die Sicherheit der Kernindustrie ist eine mit technischen Mitteln allein nicht zu lösende Aufgabe. Sie verlangt – weit über historische Zeiträume hinweg – gesellschaftliche Systeme mit absoluter Verläßlichkeit und Unbeweglichkeit der sozialen und politischen Strukturen als Voraussetzung einer lückenlosen Überwachung und Wartung der radioaktiven Abfälle.

Der Glaube an die Omnipotenz von Wissenschaft und Technik nimmt in der Hinwendung zur Kerntechnik gelegentlich pseudoreligiöse Formen an, die sich von der Etikettierung der monströsen Kühltürme als Kathedralen des späten 20. Jahrhunderts bis in die Forderung nach einer nuklearen Hohepriesterschaft steigern (Weinberg 1972).

Eine ausgebaute Plutoniumökonomie erfordert ein hohes Maß an technokratischer Machtkonzentration zur Kontrolle des spaltbaren Materials und dessen Sicherung vor Mißbrauch sowie zum perfekten Schutz kerntechnischer Anlagen. Ein gut ausgebildeter Sabotagetrupp könnte mit einem anonymen Anschlag – z. B. auf eine Wiederaufarbeitungsanlage – einer Nation eine Niederlage im Frieden zufügen, ohne daß ein Gegenschlag zu fürchten wäre. Es ist nicht sosehr die Frage, ob eine verläßliche Absicherung der Kerntechnik möglich ist, sondern ob die damit verbundenen gesellschaftlichen Veränderungen akzeptabel sind. In Frankreich, wo der Sinn für individuelle Freiheiten gut entwickelt ist, wurden bereits vor Jahren die Verfechter des ehrgeizigen Atomprogramms («tout électrique – tout nucleaire»*) als Elektrofaschisten bezeichnet. Manchen Machthabern könnten die für die Atomindustrie erforderlichen Schuz- und Kontrolleinrichtungen – die sich auch gegen politisch Andersdenkende einsetzen lassen – wichtiger sein, als die Reaktoren (vergl. Jungk 1977) und es ist zu befürchten, daß auf diesem Wege manche polizeistaatähnliche Diktatur, nicht nur in der dritten Welt, ihre technokratische Rechtfertigung findet.

Die als Energiekrise bezeichneten Versorgungsschwierigkeiten einzelner Industriezweige, hervorgerufen durch marktpolitische Aktionen multinationaler Konzerne und der organisierten ölexportierenden Länder zur Ressourcen-Streckung unter gleichzeitiger Gewinnerhöhung, haben in einigen übertechnisierten Ländern eine hektische Behandlung der Symptome ausgelöst. Ohne ausreichende Berücksichtigung ökologischer Neben- und Langzeitwirkungen konzentriert sich diese Behandlung auf die Frage, wie das exponentielle Wachstum der Energieerzeugung reibungslos vorangetrieben werden kann. Diese vordergründigen, nicht selten leichtfertig hochgespielten Symptomkuren lenken von der notwendigen kausalen Behandlung der Energiekrise, der Drosselung der übermäßigen Energie- und Rohstoffverschwendung einer Konsum- und Wegwerfgesellschaft ab. Ist es schon wegen ihrer schlechten Energiebilanz nicht möglich, mit Atomenergie Erdöl zu substituieren, so stehen dem noch gewichtige ökonomische Gründe entgegen. Der Versuch, die verlorengegangene billige Erdölbasis unserer Wirtschaft mit teurem Atomstrom zu ersetzen, kann nur in einem volkswirtschaftlichen Zusammenbruch enden. In der Industriegesellschaft sind die Dinge zu groß, zu kompliziert, zu kapitalintensiv und zu gewaltsam geworden – es gilt, sie wieder auf ein menschliches Maß zurückzuführen (Schumacher 1974).

«Die in diesem Jahrzehnt ergriffenen energiepolitischen Maßnahmen werden über den Spielraum der sozialen Beziehungen entscheiden, dessen eine Gesellschaft im Jahr 2000 sich wird erfreuen können. Eine Politik des geringen Energieverbrauchs ermöglicht eine breite Skala von Lebensformen und Kulturen. Moderne und doch energiekarge Technologie läßt politische Optionen bestehen. Wenn eine Gesellschaft sich hingegen für einen hohen Energieverbrauch entscheidet, werden ihre sozialen Beziehungen notwendig von der Technokratie beherrscht und –

* «Alles elektrisch – alles nuklear».

gleichgültig ob als kapitalistisch oder sozialistisch etikettiert – gleichermaßen menschlich unerträglich werden (Illich 1974).»

Die Abkehr von Leistungsdressur und Konsumterror als Voraussetzung zur Selbstverwirklichung der Menschen wird helfen, ernstzunehmende Fehlentwicklungen in Familie und Gesellschaft zu korrigieren (Affemann 1973, Schmidbauer 1972).

Aus ökologischen, ökonomischen und sozialen Gründen ist daher ein Übergang auf «sanfte» Energiealternativen erforderlich, die in dezentraler Form die sich erneuernden Energiequellen, in erster Linie Sonne, Wind und Biomasse nutzen. Zahlreiche Arbeitsgruppen haben in jüngster Zeit eine Vielfalt von Methoden zur besseren Energienutzung und -erzeugung bis zur Einsatzreife entwickelt und ihre volkswirtschaftliche Überlegenheit erwiesen (Lovins 1978). Mit dem Ausbau sanfter Energiesysteme wird eine Umkehr des bisherigen Trends der Zentralisierung vollzogen und es entwickelt sich ein neuer, qualitätsorientierter Lebensstil, der sich an neuen bzw. wiederentdeckten Werten orientiert.

Auch auf weltpolitischer Ebene eröffnen die sanften Alternativen Auswege aus verhängnisvollen Fehlentwicklungen. Eine resourcenschonende Wirtschaftspolitik der Selbstbegrenzung der Industrienationen und Entwicklungshilfe mit Transfer «mittlerer» Technik ist Voraussetzung einer Verringerung der Kluft zwischen armen und reichen Nationen und damit für ein dauerhaftes friedliches Zusammenleben.

Den lebensgerechten sanften Alternativen steht die Eigendynamik der ökonomischen Superstrukturen entgegen und politische Entscheidungen zeigen häufig Merkmale systembedingten Zwangsverhaltens. Trotzdem ist die Erfolgschance der Ökologiebewegung größer, als es auf den ersten Blick scheinen mag. Die in vielen Teilbereichen der Zivilisation entwickelten neuen Fortschrittskonzepte lassen sich gut miteinander zur Deckung bringen und die Initiativen und Aktivitäten konvergieren in der Problematisierung einer exponentiell wachsenden Energieproduktion. Die Bewegung gegen die Atomenergie wird zunehmend als ideales Modell und Prüffeld gesellschaftspolitischer Überlebensstrategien erkannt. Nur aus einer breiten kritischen Basis in der Öffentlichkeit können politische Strukturen entstehen, die den vielfältigen lebensdrohenden Kräften gewachsen sind. In der Abwehr der Atomenergie liegt zum ersten

Mal und wahrscheinlich auch zum letzten Mal die Chance, auf demokratische Weise solche politischen Strukturen zu schaffen.*

*(Translation) «Presumably a shrine for one of their primitive religious cults.»*

* Einen beachtlichen Erfolg hat die Ökologiebewegung in Österreich errungen. Trotz millionenschwerer Propaganda und masssiver Meinungsmanipulation von Seiten der Elektrizitätswirtschaft, Regierungspartei und Gewerkschaft ergab die Volksabstimmung am 5. November 1978 eine Ablehnung der Atomenergie. Das fertiggestellte Kernkraftwerk Zwentendorf geht nicht in Betrieb. Am 15. Dezember 1978 hat das Parlament einstimmig ein Gesetz beschlossen, das in Österreich die Anwendung der Kernspaltung zur Energiegewinnung verbietet. Damit wurde Österreich von einem der letzten Industrieländer ohne Atomenergie zum ersten Industrieland ohne Atomenergie.

Anhang 1: Spezifische Gammastrahlenkonstanten (nach Nachtigall 1971, Diem & Lentner 1968, erweitert)

| Nuklid | Halbwertszeit | Gammastrahlen-konstanten**) $\left[\frac{R \times m^2}{h \times Ci}\right]$ |
|---|---|---|
| Ag-110 m | 253 d | 1,480 |
| Ag-111 | 7,5 d | 0,013 |
| Al-28 | 2,31 m | 0,842 |
| Ar-41 | 1,83 h | 0,700 |
| As-74 | 17,9 d | 0,440 |
| As-76 | 26,5 h | 0,220 |
| Au-198 | 2,69 d | 0,232 |
| Au-199 | 3,15 d | 0,086 |
| Ba-131 | 12,0 d | 0,235 |
| Ba/La-140 | 12,8 d/40,22 h | 1,300 |
| Br-82 | 35,5 h | 1,600 |
| Ca-47 | 4,53 d | 0,510 |
| Ce-141 | 32 d | 0,040 |
| Cl-38 | 37,3 m | 0,749 |
| Co-57 | 270 d | 0,550 |
| Co-58 | 71,3 d | 0,554 |
| Co-60 | 5,26 a | 1,350 |
| Cr-51 | 27,8 d | 0,017 |
| Cs-134 | 2,05 a | 0,905 |
| Cs-137/Ba-137m | 30,23 a/2,6 m | 0,318 |
| Cu-64 | 12,9 h | 0,121 |
| Eu-154 | 16 a | ~ 0,260 |
| Fe-59 | 45,1 d | 0,624 |
| Ga-72 | 14,10 h | 1,235 |
| Gd-153 | 236 d | ~ 0,005 |
| Hg-197 | 65 h | 0,066 |
| Hg-203 | 46,57 d | 0,125 |
| In-114 m/In-114 | 50 d/72 s | 0,053 |
| Ir-192 | 74,0 d | 0,542 |
| J-125 | 60,0 d | 0,067 |
| J-129 | $17 \times 10^6$ a | 0,059 |
| J-130 | 12,3 h | 1,214 |
| J-131 | 8,07 d | 0,227 |
| J-132 | 2,3 h | 1,222 |
| K-40 | $1{,}28 \times 10^9$ a | 0,084 |
| K-42 | 12,36 h | 0,142 |
| Kr-85 | 10,76 a | 0,002 |
| Mn-52 | 5,7 d | 1,776 |
| Mn-54 | 303 d | 0,475 |
| Mn-56 | 2,58 h | 0,900 |

| Nuklid | Halbwertszeit | Gammastrahlenkonstanten**) |
|---|---|---|
| N-16 | 7,2 s | 1,477 |
| Na-22 | 2,60 a | 1,181 |
| Na-24 | 15,05 h | 1,890 |
| Nd-147 | 11,1 d | 0,110 |
| Ni-65 | 2,52 h | 0,300 |
| Os-185 | 94 d | 0,400 |
| Pr-142 | 19,1 h | 0,030 |
| Ra-226 | 1600 a | 0,825* |
| Rb-86 | 18,66 d | 0,051 |
| Re-186 | 89 h | 0,180 |
| Ru-103/Rh-103m | 40 d/57 m | 0,270 |
| Sb-124 | 60,3 d | 0,959 |
| Sc-46 | 84 d | 1,134 |
| Se-75 | 120 d | 0,150 |
| Sn-113 | 115 d | 0,334 |
| Ta-182 | 115 d | 0,596 |
| Tb-160 | 72 d | 0,420 |
| Te-121 | 17,0 d | 0,440 |
| Te-132 | 78 h | 1,274 |
| Tl-204 | 3,8 a | 0,001 |
| Tm-170 | 128,6 d | 0,008 |
| V-48 | 16,3 d | 1,630 |
| W-187 | 24 h | 0,290 |
| Xe-133m/Xe-133 | 2,3 d/5,65 d | 0,126/0,038 |
| Xe-135 | 9,2 h | 0,145 |
| Yb-175 | 44,6 d | 0,280 |
| Zn-65 | 243,6 d | 0,289 |

* Bezogen auf 1 Gramm Radium-226, das mit seinen Folgeprodukten im radiochemischen Gleichgewicht steht und dessen Strahlung durch 0,5 mm starkes Platin gefiltert ist.

** Die Literaturangaben streuen zum Teil um mehr als 5 % vom angegebenen Mittelwert.

Anhang 2: Zusammenstellung der biologischen ($T_b$), physikalischen ($T_p$) und effektiven ($T_e$) Halbwertszeit sowie der Radiotoxizitätsklasse[1] (K) einiger wichtiger Radionuklide

| Nuklid | $T_b$ | $T_p$ | $T_e$ | K | Zerfallsart |
|---|---|---|---|---|---|
| H-3 | 19 d | 12,26 a | 19 d | 1 | $\beta^-$ |
| Be-7 | 400 d[3] | 53,37 d | 47,1 d | 2 | EC, $\gamma$ |
| C-14 | 35 d | 5730,0 a | 35 d | 2 | $\beta^-$ |
| F-18 | 140 d[3] | 1,83 h | 1,8 h | 2 | $\beta^+$ |

| Nuklid | $T_b$ | $T_p$ | $T_e$ | K | Zerfallsart |
|---|---|---|---|---|---|
| Na-24 | 19 d | 15,05 h | 14,6 h | 2 | $\beta^-$, $\gamma$ |
| P-32 | 1200 d | 14,3 d | 14,1 d | 2 | $\beta^-$ |
| K-40 | 37 d | $1{,}28 \times 10^9$ a | 37 d | — | EC, $\beta^+$, $\beta^-$ |
| Ca-45 | 50 a | 165,0 d | 163,5 d | 3 | $\beta^-$, $\gamma$ |
| V-48 | 50 d[3] | 16,0 d | 12,1 d | 2 | EC, $\beta^+$, $\gamma$ |
| Cr-51 | 110 d | 27,8 d | 22,2 d | 2 | EC, $\gamma$ |
| Zn-65 | 933 d[4] | 243,6 d | 111 d | 2 | EC, $\beta^+$, $\gamma$ |
| Sr-90 | 11 a[3] | 28,1 a | 7,9 a | 4 | $\beta^-$ |
| Y-90 | 500 d[3] | 64,0 h | 63,7 h | 2 | $\beta^-$ |
| Zr-95 | 180 d[3] | 65,0 d | 47,8 d | 3 | $\beta^-$, $\gamma$ |
| Nb-95 | 50 d[3] | 35,15 d | 20,6 d | 2 | $\beta^-$, $\gamma$ |
| Mo-99 | 150 d[3] | 2,78 d | 2,7 d | 2 | $\beta^-$, $\gamma$ |
| Ru-106 | 20 d | 1,0 a | 19,0 d | 3 | $\beta^-$ |
| Sn-113 | 149 d[3] | 115,0 d | 64,9 d | 2 | EC, $\gamma$ |
| J-131 | 138 d[3] | 8,07 d | 7,6 d | 3 | $\beta^-$, $\gamma$ |
| Cs-137 | 70 d | 30,23 a | 69,6 d | 3 | $\beta^-$, $\gamma$ (IT) |
| Ba-140 | 200 d | 12,8 d | 12,0 d | 3 | $\beta^-$, $\gamma$ |
| La-140 | 35 d[3] | 40,22 h | 38,4 h | 2 | $\beta^-$, $\gamma$ |
| Ce-144 | 500 d[3] | 284,9 h | 181,5 d | 3 | $\beta^-$, $\gamma$ |
| Pr-143 | 50 d[3] | 13,7 d | 10,8 d | 2 | $\beta^-$ |
| Nd-147 | 35 d[3] | 11,1 d | 8,4 d | 2 | $\beta^-$, $\gamma$ |
| Pm-147 | 100 d[3] | 2,52 a | 90,2 d | 2 | $\beta^-$ |
| Sm-151 | 110 a[3] | 93,0 a | 50,4 a | 2 | $\beta^-$, $\gamma$ |
| Eu-154 | 4 a[3] | 16,0 a | 3,2 a | 3 | $\beta^-$, $\gamma$ |
| Tm-170 | 110 d[3] | 128,6 d | 59,3 d | 3 | $\beta^-$, EC, $\gamma$ |
| W-181 | 5 d[3] | 140,0 d | 4,8 d | 2 | EC, $\gamma$ |
| Pb-210 | 531 d[3] | 21,0 a | 1,4 a | 4 | $\beta^-$, $\gamma$, $\alpha$ |
| Po-210 | 57 d | 138,4 d | 40,4 d | 4 | $\alpha$, $\gamma$ |
| Ra-226[7] | 55 a[3] | 1600 a | 53,2 a | 4 | $\alpha$, $\gamma$ |
| Ac-227 | 33 a[3] | 21,6 a | 13,1 a | 4 | $\beta^-$, $\alpha$, $\gamma$ |
| Th-234[5] | 110 a[3] | 24,1 d/1,17 m | 24,1 d | 3 | $\beta^-$, $\gamma$ |
| U-233 | 300 d | $1{,}62 \times 10^5$ a | 300 d | 4 | $\alpha$, $\gamma$ |
| Pu-239 | 120 a[6] | $2{,}44 \times 10^4$ a | 120 a | 4 | $\alpha$, $\gamma$, SF |
| Am-241 | 890 d[3] | 465,8 a | 2,4 a | 4 | $\alpha$, $\gamma$, SF |
| Cm-242 | 600 d[3] | 163 d | 128,2 d | 4 | $\alpha$, $\gamma$, SF |

[1] 1 = niedrig, 2 = mittel, 3 = hoch, 4 = sehr hoch

[2] $\alpha$ = Alphateilchen (Helium-Kern), $\beta^+$ = Positron, $\beta^-$ = Elektron, $\gamma$ = Gammastrahlung (Quanten), EC = Elektroneneinfang (electron capture) aus der K-Elektronenschale, IT = innere Kernumwandlung (internal transformation), SF = spontane Spaltung (spontaneous fission)

[3] im kritischen Organ

[4] die biologische Halbwertszeit im kritischen Organ ist 23 Tage

Anhang 3: DIN-Normen und Normenentwürfe des «Normenausschuß Kerntechnik» (Stand August 1976). Bezugsquelle: Beuth-Verlag (DIN Deutsches Institut für Normung e. V.), 1000 Berlin 30, Burggrafenstr. 4–7. V = Vornorm · E = Entwurf · B = Beiblatt

| DIN | Titel |
|---|---|
| 25 400 | Warnzeichen für ionisierende Strahlung |
| 25 401-10-19 | Kerntechnik; Begriffe |
| B 25 401 | Kerntechnik; Begriffe; deutsches und englisches Stichwortverzeichnis |
| 25 403 | Grundsätze der Kritikalitätssicherheit bei der Herstelstellung und Handhabung von Kernbrennstoffen |
| 25 403-2 | Kritikalitätssicherheit bei der Herstellung und Handhabung von Kernbrennstoffen; Kritikalitätsdaten für Uran-235-Metall-Leichtwasser-Mischungen |
| 25 403-3 | Kritikalitätsdaten für Plutonium-239-Metall-Leichtwasser-Mischungen |
| E 25 403-4 | Kritikalitätsdaten für Uran-235-Dioxid-Leichtwasser-Mischungen |
| E 25 403-5 | Kritikalitätsdaten für Plutonium-239-Dioxid-Leichtwasser-Mischungen |
| E 25 403-6 | Kritikalitätsdaten für Plutonium-239-Nitrat-Leichtwasser-Mischungen |
| E 25 404 | Kerntechnik; Formelzeichen |
| 25 405 | Gesichtspunkte für eine sichere Auslegung von thermischen Reaktoren bezüglich des Reaktivitätsverhaltens |
| 25 406 | Begehbare Schleusen in Kernkraftwerken; Anforderungen |
| E 25 406 | Schleusen am Reaktorsicherheitsbehälter von Kernkraftwerken; Personenschleusen; Sicherheitstechnische Anforderungen |
| 25 407-1 | Abschirmwände gegen ionisierende Strahlung; Bleibausteine |
| B 25 407-1 | Bleibausteine; Hinweise für die Verwendung |
| 25 407-2 | Spezielle Bauelemente |
| B 25 407-2 | Hinweise für die Verwendung |
| V 25 408 | Kerntechnische Anlagen; Rohrleitungen; Auslegung, Herstellung, Prüfung |
| 25 409-1 | Fernbedienungsgeräte zum Arbeiten hinter Schutzwänden; Ferngreifer; Maße |
| 25 409-2 | Parallel-Manipulatoren mit 3 Gelenken; Maße |
| 25 409-3 | Parallel-Manipulatoren in Teleskopbauart; Maße |
| E 25 409-4 | Parallel-Manipulatoren in Teleskopbauart; Anforderungen |
| E 25 409-5 | Parallel-Manipulatoren mit 3 Gelenken; Anforderungen |
| B 25 409 | Hinweise für die Verwendung |

| DIN | Titel |
|---|---|
| 25 410 | Kerntechnische Anlagen; Oberflächensauberkeit von Bauteilen |
| E 25 410-2 | Reinigung und Konservierung von Kreislaufsystemen einschließlich zugehöriger Komponenten |
| 25 411 | Kernreaktoren; Sinnbilder |
| E 25 412-1 | Handschuhkästen; Maße und Anforderungen |
| E 25 412-1 B | Zusatzausrüstung |
| 25 413 | Klassifikation von Betonen nach Elementanteilen bei Verwendung zur Neutronenabschirmung |
| E 25 414-1 | Kerntechnische Anlagen; Lüftungstechnische Anlagen; Aufgaben, Begriffe und Bildzeichen |
| E 25 415-1 | Dekontamination von Oberflächen; Verfahren zur Prüfung der Dekontaminierbarkeit |
| E 25 415-2 | Dekontamination von radioaktiv kontaminierten Oberflächen; Bestimmung der Oberflächenkontamination |
| E 25 416-1 | Kerntechnische Anlagen; Behandlung von radioaktiv kontaminiertem Wasser; Begriffe, Bildzeichen, Methoden |
| E 25 417-4 | Notstromversorgung; Systemgebundene Anforderungen; Netzanschluß und Eigenbedarfsanlage |
| E 25 417-5 | Erzeugungsanlagen mit Dieselaggregaten |
| V 25 418-1 | Armaturen; Werkstoffe, Herstellung, Prüfung |
| E 25 419-1 | Graphische Darstellung von Störfallabläufen; Methode und Bildzeichen |
| E 25 423 B | Probenahme bei der Radioaktivitätsüberwachung der Luft; Hinweise zur Berechnung von Partikelverlusten in Probenahmeleitungen und Hinweise zur Fehlerermittlung anisokinetischer Probenahme |
| E 25 423-1 | Allgemeine Anforderungen |
| E 25 423-2 | Spezielle Anforderungen bei der Probenahme aus Kanälen und Schornsteinen |
| E 25 423-3 | Probenahmeverfahren |
| E 25 424 | Fehlerbaumanalyse; Methode und Bildzeichen |
| E 25 425-1 | Radionuklidlaboratorien; Regeln für die Auslegung |
| E 25 426-1 | Umschlossene radioaktive Stoffe; Anforderungen und Klassifikation |
| E 25 426-4 | Wiederholungsprüfungen auf Dichtheit der Hülle |
| E 25 427-1 | Auslegung von zweifach geknickten gasgefüllten Kanälen in Abschirmwänden aus Beton gegen Gammastrahlung; Begriffe und Voraussetzungen |
| E 25 427-2 | Bemessung des Kanals und der Eisenverstärkung bei Punktquellenstrahlung und kollimierter Strahlung |
| 25 428 1 | Kerntechnische Anlagen; Lagerbecken für Brennelementbündel bei wassergekühlten Leistungsreaktoren |
| E 25 431 | Kabeldurchführungen im Reaktor-Sicherheitsbehälter; Sicherheitstechnische Anforderungen |

| DIN | Titel |
|---|---|
| E 25 434 | Reaktorschutzsystem und Überwachung von Sicherheitseinrichtungen; Sicherheitstechnische Anforderungen |
| 44.422 | Strahlungsmeßsonden; Hauptmaße |
| 44.423 | Probenschälchen für radioaktive Stoffe |
| 44.425 | Isolationskammer Stabdosismesser; Anschlußmaße, Ladespannung |
| 44.427 | Prüfstrahler zur Funktionskontrolle von Dosisleistungsmessern |
| 44.801 | Alpha-, Beta- und Alpha-Beta-Kontaminationsmeßgeräte und -monitoren |
| 54.113 | Technische Röntgeneinrichtungen und -anlagen bis 300 kV; Strahlenschutzregeln für die Herstellung und Errichtung |
| 54.115 | Strahlenschutzregeln für die technische Anwendung umschlossener radioaktiver Stoffe; Beförderung |
| 54.115-1 | Zugelassene Körperdosen, Kontroll- und Überwachungsbereiche |
| 54.115-2 | Umschlossene Strahler |
| 54.115-3 | Strahlenschutzregeln für die technische Anwendung umschlossener radioaktiver Stoffe; Beförderung |
| 6.804 | Geschlossene radioaktive Präparate in medizinischen Betrieben; Regeln für den Strahlenschutz |
| 6.811 | Medizinische Röntgeneinrichtungen bis 300 kV; Strahlenschutzregeln für die Herstellung |
| 6.812 | Medizinische Röntgenanlagen bis 300 kV; Strahlenschutzregeln für die Errichtung |
| 6.813 | Röntgen-Schutzkleidung, -Schutzkanzeln und -Schutzwände; Regeln für die Herstellung |
| 6.814 | Begriffe und Benennungen in der radiologischen Technik; |
| 6.814-1 | Allgemeines, Anwendungen ionisierender Strahlung |
| 6.814-2 | Strahlenphysik |
| 6.814-3 | Dosisgrößen und Dosiseinheiten |
| 6.814-4 | Radioaktivität |
| 6.814-5 | Strahlenschutz |
| 6.814-6 | Technische Mittel zur Erzeugung von Röntgen- und Elektronenstrahlung |
| 6.814-7 | Begriffe und Benennungen in der radiologischen Technik; Technische Mittel zur medizinischen Anwendung von Röntgen- und Elektronenstrahlung |
| 6.814-9 | Begriffe und Benennungen in der radiologischen Technik; Radioskopie und Radiographie |
| 6.815 | Regeln für Strahlenschutzprüfungen an medizinischen Röntgenanlagen bis 300 kV |
| 6.816 | Filmdosimetrie nach dem filteranalytischen Verfahren zur Strahlenschutzüberwachung |
| 6.819 | Strahlenexposition des Patienten in der Röntgendiagnostik; Messung des Flächendosisproduktes |

| DIN | Titel |
|---|---|
| 6.827-2 | Strahlen; Diagnostik und Therapie mit offenen radioaktiven Präparaten |
| 6.828-1 | Mechanische Sicherheit von Anlagen zur medizinischen Anwendung ionisierender Strahlung; Regeln für die Herstellung von Einrichtungen |
| 6.828-2 | Regeln für die Errichtung von Anlagen |
| 6.841 | Röntgen-Strahlenschutz; Bleiglasscheiben |
| 6.843 | Strahlenschutz beim Arbeiten mit radioaktivem Material in offener Form in medizinischen Betrieben; Regeln |
| 6.845 | Prüfung von Strahlenschutzstoffen für Röntgen- und Gamma-Strahlung |
| 6.846 | Medizinische Gamma-Bestrahlungsanlagen; Strahlenschutzregeln für die Herstellung und Errichtung |

# Literatur


Abrahamson, S., Bender, M. A., Conger, A. D. (1973): Uniformity of radiation-induced mutation rates among different species. – Nature 235, 460–62.

Affemann, A. (1973): Krank an der Gesellschaft. – Deutsche Verlags-Anstalt, Stuttgart.

Alfven, H. (1972): Energy and environment. – Bulletin of the Atomic Scientists, 5–7, May 1972.

Alfvén, H. (1974): Adress at the 24th Pugwash Conference on Science and World Affairs at Baden, Austria, August – September.

APS (1975): Report to the American Physical Society by the study group on light water reactor safety. – Reviews of Modern Physics 47, Suppl. 1, 1–123.

Arakawa, E. T. (1960): Radiation dosimetry in Hiroshima and Nagasaki atomic bomb survivors. – New England J. Med. 263, 488–93.

Archer, V. E. (1978): Geomagnetism, cancer, weather and cosmic radiation. – Health Physics 34, 237–247.

Bacq, Z. M., Alexander, P. (1961): Fundamentals of radiobiology. – Pergamon Press, Oxford.

Baratta, E. J. (1966): Uptake of J–131 in bovine thyroids. – Symp. Radioecological concentration processes, Pergamon Press, 609–19.

Barcinski et al. (1975): Cytogenetic investigations in a Brazilian Population. Living in an area of high natural radioactivity. – J. Hum. Gen. 27, 802–806.

Barnaby, F. (1977): The mounting prospects of nuclear war – a report of the Stockholm International Peace Research Institute. – Bull At. Sci. 33, (6), 11–20.

Barthelmeß, A. (1969): Die Strahlenschädigung des Erbgutes. – Gesellschaft für Strahlenforschung München, Ber. K. 19.

Barthelmeß, A. (1973): Erbgefahren im Zivilisationsmilieu. – Goldmann, München.

BBU (1977): Die Auswirkungen schwerer Unfälle in Wiederaufarbeitungsanlagen und Atomkraftwerken. Abdruck und Interpretation zweier vertraulicher Studien des Inst. für Reaktorsicherheit vom August und November 1976. – Bundesverband Bürgerinitiativen Umweltschutz – Info, Horstackerstr. 24, D-67 Ludwigshafen.

Beermann, W. (1964): Kontrollierte RNS-Synthese in Riesenchromosomen. – In: Struktur und Funktion des genetischen Materials. Akademie Verlag, Berlin, 211–23.

Bergamini, P. G., Palmas, G., Piantelli, F., Rigato, M. (1970): Absorption and Distribution of Cs-137 by *Trifolium pratense.* – Health Physics 19, 521–28.

Bergmann, B., Krämer, H. (1972): Technischer und wirtschaftlicher Stand sowie Aussichten der Kernenergie in der Kraftwirtschaft der BRD. – JÜL-827-HT, Februar 1972.

BEIR-Report (1972): The effects on populations of exposure to low levels of ionizing radiation. – Report of the advisory committee on the biological effects of ionizing radiations. NAS, Washington, Nov. 1972.

Beyers, R. J. (1962): Relationship between temperature and the metabolism of experimental ecosystems. – Science 136, 980–82.

Born, M. (1965): Von der Verantwortung des Naturwissenschaftlers. – Nymphenburger Verlag, München S. 204–205.

Boveri, T. (1904): Ergebnisse über die Konstitution der chromatischen Substanz des Zellkerns. – Fischer, Jena.

Bresch, C. (1970): Klassische und molekulare Genetik. – Springer Verlag, Berlin, 2. Aufl.

Briejèr, C. J. (1970): Silberne Schleier – Gefahren chemischer Bekämpfungsmittel. – Biederstein Verlag, München.

Broda, E. (1973): Gibt es biopositive Wirkungen ionisierender Strahlung? – Biologie in unserer Zeit 3 (4) 108–115.

Bross, I. D. J., Natarajan, N. (1972): Leukemia from low level radiation. – New Engl. J. Med. 287, 107–10.

Brown, J. M. (1976): Linearity vs. non-linearity of dose response for radiation carcinogenesis. – Health Physics 31, 231–245.

Bruce, A. K. (1964): Extraction of the radio-resistent factor of *Micrococcus radiodurans.* – Radiation Res. 22, 155–64.

Burian, K. (1977): Zit. nach Informationskampagne Kernenergie, Bericht der Diskussionsgruppe 9, Abwärmeproblematik. – Bundespressedienst Wien, S. 14.

Cairns, J. jr. (1956): Temperature effects on aquatic organisms. – Industrial Wastes 1 (4).

Calkins, J. (1977): General patterns of repair and their possible significance as necessary protection from environmental radiation exposure. – In: Radioprot. chem. comp. biol. means (A. Locker u. K. Fleming ed.) Birkhäuser 1977, S. 19–29.

Cavalli-Sforza, L. L., Bodmer, W. F. (1971): The genetics of human populations. – Freeman & Co, San Francisco.

Charpie, R. A., Halperin, J., Klotzbach, R. J., McWerter, J. R., Nelson, F., Nicholson, E. L., Odom, C. H., Stroughton, R. W., Wigner, E. P., Zeitlein, H. R. (1954): Project hope – a chemical processing plant for nuclear power economy. – ORNL-1638, Oak Ridge National Laboratory.

Claus, W. D. (1958): Radiation biology and medicine. – Addison-Wesley Publ. Comp., Massachusets.

Cleaver, J. E. (1968): Defective repair replication of DNA in Xeroderma. – Nature 218, 652–56.

Cohen, B. L. (1976): Impacts of the Nuclear Energy Industry on Human Health and Safety. – American Scientist, 64, 550–59.

Court Brown, M. W., Doll, R. (1957): Leukemia and aplastic anaemia in patients irradiated for ankylosing spondilitis. – Medical Research Council, Special Report 295, London.

Dahlman, R. C., Van Voris, P. (1975): Cycling of Cs-137 in soil and vegetation of a flood plain 30 years after initial contamination. – In: Proc. 4. Nat. Symp. on Radioecology May 12–14 «Radioecology and Energy Ressources» Oregon State Univ., Corvallis, Oregon, 291–98.

De Groot, M. H. (1972): Statistical studies of the effect of low-level radiation from nuclear reactors on human health. – 6th Berkeley Symp. Mathematical statistics and probability 1970. University of California Press, 223–34.

Demerec, M., Sams, J. (1960): Induction of mutations in individual genes of *Escherichia coli* by low x-radiation. – In: Buzzati-Traverso, A. A. (Ed.): Immediate and low level effects of ionizing radiations. Int. J. Rad. Biol., Suppl. Vol., 283–91.

Dertinger, H., Jung. H. (1969): Molekulare Strahlenbiologie. – Springer-Verlag.

Deutscher Bundestag (1971): 6. Legislaturperiode, Drucksache VI/27 10, 158.

Dickson, D. (1978): Radiation: how safe is «safe»? – Nature 272, 197–98.

Diehl, J. F. (1977): Lebensmittelbestrahlung – ein Fortschrittsbericht. – Kerntechnik 19, 494–501.

Diem, K., Lentner, C. (Red. 1968): Documenta Geigy – Wissenschaftliche Tabellen. – J. R. Geigy S. A., Basel, 7. Aufl.

Dobson, R. L., Kwan, T. Ch. (1976): The RBE of Tritium radiation measured in mouse oocytes: Increase at low exposure levels. – Rad. Res 66, 615–625.

Dolphin, G. W., Eve, I. S. (1968): Some aspects of the radiological protection and dosimetry of the gastrointestinal tract. – In: M. F. Sullivan (Ed.): Gastrointestinal radiation injury. Excerpta Medica Foundation, Amsterdam, 465–74.

Dyer, N. C., Brill, A. B. (1969): Fetal radiation dose from maternally administered Fe-59 and J-131. – Symp. Radiation biology of the fetal and juvenile mammal, Hanford, 73–88, Dez. 1969.

Ebert, T. (1976): Pazifismus und Ökologiebewegung. – Gewaltfreie Aktion Vierteljahrshefte für Frieden und Gerechtigkeit) 8 (28–30), 2–20.

Eichholtz, F. (1956): Die toxische Gesamtsituation auf dem Gebiet der menschlichen Ernährung. Umrisse einer unbekannten Wissenschaft. – Springer Verlag, Berlin.

Eisenbud, M., Petrow, H. G. (1964): Radioactivity in the atmospheric effluents of power plants that use fossil fuels. – Science 144, 288–89.

Eisenbud, M., Petrow, H., Drew, R. T., Roser, F. X., Kegel, G., Cullen, T. L. (1964): Naturally occurring radionuclides in foods and waters from the Brazilian areas of high radioactivity. – In: The natural radiation environment. William Marsh, Chic., Ill., 837–54.

Eisenbud, M. (1967): Radionuclides in the environment. – Symp. Diagnosis and treatment of deposited radionuclides. Washington, May 1967.

Ekman, L. (1966): Mechanisms of uptake and accumulation of radionuclides in terrestrial animals. – In: Åberg, B., Hungate, F. P.: Radioecological concentration processes. Pergamon Press, 547–60.

Evans, R. D. (1966): The effect of skeletally deposited alpha-emitters in man. – Brit. J. Radiol. 39, 881–95.

Evans, R. D., Keane, A. T., Kolenkow, R. J., Neal, W. R., and Shanahan, M. M. (1969): Radiogenic tumors in the Radium and Mesothorium cases studied at the M. I. T. pp. 157–94, in: Delayed effects of bone-seeking radionuclides. – Mays, C. W. et al. ed. – Univ. of Utah Press, Salt Lake City.

Fairhall, A. W., Young, J. A. (1970): Radiocarbon in the environment. – In: Radionuclides in the environment. American Chemical Society, Advances in Chemistry Series 93, 401–18.

Farmer, F. R. (1967): Siting criteria – a new approach. – Symp. Containment and siting of nuclear power reactors. IAEA, SM-89/34, Vienna.

Feldt, W. (1966): Die Entwicklung der radioaktiven Kontamination in See- und Süßwasserfischen bis zum Jahre 1965. – Umweltradioaktivität und Strahlenbelastung, Bericht II/66, BM f. wiss. Forschung, Bad Godesberg.

Feldt, W. (1968): Radioecological field studies carried out in the Federal Republic of Germany. – Seminar on marine radioecology, ENEA, Cherbourg.

Finkel, M. P., Biskis, B. O., Jinkins, P. B. (1969): Toxicity of Radium-226 in mice. – Symp. Radiation-induced cancer. IAEA, Vienna, 369–91.

Focke, R. (1959): Erbliche Schäden durch ionisierende Strahlen. – Thieme Verlag, Leipzig.

Folsom, T. R., Harley, J. H. (1957): Comparison of some natural radiations received by some selected organisms. – In: The effects of atomic radiation on oceanographie and fisheries. NAS-NRC, Washington, Publ. 551.

Ford, D. F. (1977): A history of federal nuclear safety assessments: From WASH-740 through the reactor safety study. – Union of Concerned Scientists, Cambridge, Mass.

Fritz-Niggli, H. (1959): Strahlenbiologie. – Georg Thieme, Stuttgart.

Fritz-Niggli, H. (1961): Vererbung bei Mensch und Tier. Eine Einführung in die Genetik. – Georg Thieme, Stuttgart.

Geesaman, D. P. (1970): Plutonium and public health. – GT-121-70, April 1970.

Gensuikin News (1976): No 9, Dec. 1., Tokyo.

Gentry, J. T., Parkhurst, E., Bulin, G. V. jr. (1959): An epidemiological study of congenital malformations in New York state. – Am. J. Publ. Health 49, 497–513.

Gillette, R. (1972): Nuclear safety: Damaged fuel ignites a new debate in AEC. – Science 177, 330–31.

Gillette, R. (1973): Radiation spill at Hanford: The anatomy of an accident. – Science 181, 728–30.

Ginsburg, T. (1965): Die friedliche Anwendung von nuklearen Explosionen. – Verlag Karl Thiemig, München, 21.

Glasstone, S. (1956): Principles of nuclear reactor engineering. – Macmillan, London.

Gloyna, E. F., Ledbetter, J. O. (1969): Principles of radiological health. – Marcel Dekker, New York.

Glueckauf, E. (1955): Long term aspects of fission product disposal. – Atomkonferenz Genf, 398.

Gofman, J. W., Tamplin, A. R. (1970 a): Radiation – induction of human lung cancer. – Testimony presented at hearings of the JCAE, US-Congress.

Gofman, J. W., Tamplin, A. R. (1970 b): Studies of radium-exposed humans II: Further refutation of the R. D. Evan's claim that «the linear, nonthreshold model of human radiation carcinogenesis is incorrect». – Testimony presented at the hearings of the JCAE. US-Congress, January 1970.

Gofman, J. W., Tamplin, A. R. (1970 c): The cancer-leukemia risk from FRC guideline radiation based upon ICRP publications. – Supplement to testimony presented at hearings of the JCAE. US-Congress. Feb. 1970.

Gofman, J. W., Tamplin, A. R. (1970 d): Epidemiologic studies of carcinogenesis by ionizing radiation. – Proc. Sixth Berkeley Symp. on Math. Stat. and Probability, June, July 1970, Univ. of Calif. Press, 235–277.

Gofman, J. W., Gofman, J. D., Tamplin, A. R., Kovich, E. (1971): Radiation as an environmental hazard. – Symp. Fundamental cancer research, Houston, März 1971.

Gofman, J. W. (1972): Persönliche Mitteilung.

Gofman, J. W. (1975): The Cancer hazard from inhaled plutonium. – Committee for Nucl. Responsib. Yachats, Oregon, CNR Report 1975 – 1–R.

Gofman, J. W. (1976): The plutonium controversy. – J. of the Am. Med. Ass. 236, 284–286.

Goss, S. G. (1970): The malignant tumor risk from radium body burdens. – Health Physics 19, 731–37.

Graul, E. H., Hundeshagen, H. (1958): Y-90-Organverteilungsstudien unter besonderer Berücksichtigung des autoradiographischen und papierelektrophoretischen Nachweisverfahrens. – Strahlentherapie 106, 405–17.

Graul, E. H. (1974): mündliche Stellungnahme – in: Zur Sache 2–75, Das Risiko Kernenergie. – Öffentliche Anhörung des Innenausschusses des Deutschen Bundestages. Presse- und Informationszentrum des Deutschen Bundestages, S. 39, 2.–3. Dez. 1974.

Grouеff, S. (1968): Projekt ohne Gnade. Das Abenteuer der amerikanischen Atomindustrie. – Bertelsmann.

Guild, W. R. (1958): Hazards from isotopic tracers. – Science 128, 1308.

Gustafson, P. F. (1966): Comments on radionuclides in aquatic ecosystems. – In: Åberg, B., Hungate, F. P. (Ed.): Radioecological concentration processes. Pergamon Press, 853–58.

Haberer, K. (1969): Radionuklide im Wasser. – Verlag Karl Thiemig, München, 17.

Halik, J. (1971): Některá hygienická pozorování v radonových lázních. (Some hygienic observations in radon balnear stations). – Fysiatrický Věstnik 49 (3), 115–20.

Hanawalt, P. C., Haynes, R. H. (1967): The repair of DNA. – Scientific American, Feb. 1967.

Hanson, W. C. (1966): Radioecological concentration processes characterizing arctic ecosystems. – In: Åberg, B., Hungate, F. P. (Ed.): Radioecological concentration processes. Pergamon Press 183–92.

Hardin, G. (1959): Nature and man's fate. – Univ. of California.

Hardy, E. P. jr. (1973): Fallout program – Quarterly summary report. – HASL–268, New York.

Hargis, W. J. jr., Warinner, J. E. (1970): Impacts of thermal alternations on estuarine and coastal environments. – In: Eisenbud, M., Gleason, G. (Ed.): Electric power and thermal discharges. Gordon and Breach, New York.

Hecht, F. (1968): Grundzüge der Radio- und Reaktorchemie. – Akademische Verlagsgesellschaft, Frankfurt/Main.

Heitler, W. (1954): The quantum theory of radiation. – Oxford Univ. Press.

Herbst, W. (1968): Unübersehbare Gesundheitsrisiken durch Lebensmittelbestrahlung. – Verlagsgenossenschaft der Waerland-Bewegung.

Herre, W. (1954): Domestikation und Stammesgeschichte. – In: Heberer, G. G.: Die Evolution der Organismen. Fischer, Stuttgart.

Holdren, J. P. (1973): Radioactive pollution of the environment by the nuclear fuel cycle. – 23rd Pugwash Conf., Aulanko, XXIII–2.

Höll, K. (1971): Gefährdung unserer Flüsse durch die Kühlwässer der Atomkraftwerke. – Städtehygiene (12) 1971.

Hug, O. (1971): Strahlenschäden und Strahlenschutz. – atw 16 (6), 294–300.

Hunter, H. F., Ballou, N. E. (1951): Fission-product decay rates. – Nucleonics 9 (5) C2–C7.

IAEA-WMO-Symposium (1973): Physical behaviour of radioactive contaminants in the atmosphere. – IAEA-SM-181, Vienna, Nov. 1973.

Ichikawa, S. (1972): Somatic mutation rate in *Tradescantia* stamen hairs at low radiation levels: Finding of low doubling doses of mutations. – Japan. J. Genetics 47, 411–421.

Ichikawa, S., Nagata, M., Oki, S. (1977): Nuclear power plant suspected to increase mutations. – Manuscript, submitted to New Scientist (London).

ICRP-Publ. 9 (1965): Recommendations of the International Commission on Radiological Protection. – Pergamon Press, Oxford.

ICRP-Publ. 26 (1977): Recommendations of the International Commission on Radiological Protection. – Pergamon Press.

Illich, I. (1974): Die sogenannte Energiekrise oder Die Lähmung der Gesellschaft. – rororo 1763.

Iranzo, E., Lara, M. D., Salvador, S., San-Martin, M. V. (1973): Considerations on plutonium migration in a ground ecologic system. – IRPA Congr. Wash. D. C., Sept. 1973.

Jacobsen, L. (1968): Low dose x-irradiation and teratogenesis. – Munksgaard, Copenhagen.

Jelinek-Fink, P., Keese, H. (1972): Der Markt für Kernbrennstoffe. – Jb. d. Atomwirtschaft, Handelsblattverlag, Düsseldorf.

Johnson, C. J. (1978): Rates of leukemia, lung cancer and congenital malformations by census tract in areas contaminated with plutonium. – Int. Congress Human Ecology, Vienna, Okt. 1978.

Jungk, R. (1977): Der Atomstaat – Vom Fortschritt in die Unmenschlichkeit. – Kindler Verl.

Kaplan, R. W. (1957): Die Gefährdung der Erbanlagen des Menschen durch Strahlen. – Naturwissenschaften 44, 433–38.

Kautsky, H. (1977): Strömungen in der Nordsee – Radioisotope aus Wiederaufarbeitungsanlagen signalisieren den Weg. – Umschau 77, 672–673.

Kavka, G. (1978): Phil. Diss., Univ. Wien, über die Bakteriologie von abwärmebelasteten Gewässern. In Ausarbeitung.

Keckes, F. (1968): The possible role of euphausiids in vertical transport of radionuclides. – Sem. on Marine Radioecology, ENEA, Cherbourg.

Klusmann, A., Völcker, H. (1969): Brennelemente von Kernreaktoren. – Verlag Karl Thiemig, München, 25.

Kneale, G. W., Stewart, A., Mancuso, T. F. (1978 a): Reanalysis of data relating to the Hanford study of the cancer risks of radiation workers. – IAEA, Sm-224/510, Vienna.

Kneale, G. W., Stewart, A. M. (1978 b): Pre-cancers and liability to other diseases. – Brit. J. Cancer, 37, 448–457.

Kochupillai, N., Verma, J. C., Grewal, M. S., Ramalingaswami, V. (1976): Down's syndrome and related abnormalities in an area of high background radiation in coastal Kerala. – Nature 262, 60–61.

Kollert, R. (1977): Plutonium als Umweltproblem. – Diplomarbeit aus Physik, Univ. Bremen, März 1977, 184 S.

Knelson, J. H. (1971): Environmental influence on intrauterine lung development. – Arch. Intern. Med. 127, 421–25.

Krawczynski, S. J. B. (1967): Radioaktive Abfälle, Aufbereitung – Lagerung – Beseitigung. – Verlag Karl Thiemig, München, 27.

Kunz, C., Mahoney, W. E., Miller, T. W. (1974): C-14 gaseous effluent from pressurized water reactors. – Symp. on Population Exposures – Health Phys. Soc., Knoxville, Tenn. Oct. 21–24 Conf – 741018.

Land, C. E., Norman, J. E. (1978): The latent periods of radiogenic cancers occurring among Japanese A-bomb survivors. – IAEA, SM-224, Vienna, 1978.

Langham, W., Anderson, E. C. (1959): Biospheric contamination from nuclear weapons tests through 1958. – In: Hearings before the special subcommittee on radiation of the joint committee on atomic energy. First session on fallout from nuclear weapons tests, Vol. 2, 1067–1169, May 1959.

Larsen, R. P., Oldham, R. D. (1978): Plutonium in drinking water: Effects of chlorination on its maximum permissable concentration. – Science 201, 1008–09.

Larson, K. H., et al. (1951): Alpha activity due to the 1945 atomic bomb detonation at Trinity, Alamagordo, New Mexico. – UCLA–108.

Lave, L. B., Leinhardt, S., Kaye, M. B. (1972): Low-level environmental radiation and US mortality. – Carnegie Mellon Univ., W. P. 19–70-1.

Laven, H. (1967): Eradication of *Culex pipiens fatigans* through cytoplasmatic incompatibility. Nature 216, 383–84.

Laven, H., Jost, E., Meyer, H., Selinger, R. (1971): Semisterility for insect control. – IAEA, Vienna, SM–138/16.

Leach, L. J., Yuile, L., Hodge, H. C., Sylvester, G. E., Wilson, H. B. (1973): A five-year inhalation study with natural uranium dioxide ($UO_2$) dust – II. Postexposure retention and biological effects in the monkey, dog and rat. – Health Physics 25 (9) 239–58.

Lederer, C. M., Hollander, J. M., Perlman, I. (1967): Table of isotopes. – John Wiley & Sons, New York, 6th Edition.

Lerider, K. (1968): Maßnahmen nach einem Unfall mit Atomsprengkörpern. – Truppendienst (4), 312–14.

Lewis, F. (1967): H-Bombe vermißt. – Bertelsmann Verlag.

Lewis, R. (1973): Shippingport – the killer reactor? – New Scientist, (9) 552–53.

Libby, W. F. (1957): In: The nature of radioactive fallout and its effect on man. – Hearings before the special subcommittee on radiation, Washington, 610–16.

Lidén, K., Gustafson, M. (1966): Relationships and seasonal variation of Cs-137 in lichen, reindeer and man in northern Sweden – 1961 to 1965. – In: Åberg, B., Hungate, F. P.: Radioecological concentration processes. Pergamon Press, 193–208.

Lindop, P. J., Rotblat, J. (1971): Radiation pollution of the environment. – Bulletin of the Atomic Scientists, 17–24, Sept. 1971.

Löbbecke, E. A. (1964): Mutationsgenetik. – In: Fortschritte der Zoologie 17, 155–88.

L'Orange, R., Zimen, K. E. (1969): Neue Bestimmung der biologischen Halbwertszeit von C-14 in Menschenknochen bei Aufnahme von Kohlenstoff in organisch gebundener Form. – In: Strahlenschutzprobleme bei der Freisetzung und Inkorporation radioaktiver Stoffe. 4. Jahrestagung d. Fachverb. f. Strahlenschutz, Berlin, 289–97.

Lorenz, K. (1950): Ganzheit und Teil der tierischen und menschlichen Gemeinschaft. – Studium Generale 3, 9.

Lorenz, R. A., Hobson, D. O., Parker, G. W. (1971): Final report on the first fuel rod failure transient test of a zircaloy-clad fuel rod cluster in treat. – ORNL-4635.

Lorenz, R. A., Parker, G. W. (1972): Final report on the second fuel rod failure transient test of a zircaloy-clad fuel rod cluster in treat. – ORNL-4710.

Lovins, A. B., Patterson, W. C. (1975): Plutonium particles: some like them hot. – Nature 254, March 27, 278–279.

Lovins, A. B. (1978): Sanfte Energie – Das Programm für die energie- und industriepolitische Umrüstung unserer Gesellschaft. – Rowohlt Verlag, Hamburg.

Ludwieg, F. (1962): Radioaktive Isotope in Futter- und Nahrungsmitteln. – Verlag Karl Thiemig, München, 7.

Lundin, F. E. jr., Lloyd, J. W., Smith, E. M., Archer, V. E., Holaday, D. A. (1969): A joint publication: Mortality of uranium miners in relation to radiation exposure, hardrock mining and cigarette smoking 1950–1967. – Health Physics 16, 571–78.

Lyon, M. F., Papworth, D. G., Phillips, R. J. S. (1972): Doserate and mutation frequency after irradiation of mouse spermatogonia. – Nature New Biology 238, 101–104.

Machta, L. (1959): In: US Scientific committee on effects of atomic radiation. Dec. 1959.

Mancuso, T. F., Stewart, A., Kneale, G. (1976): Radiation exposures of

Hanford workers dying from various causes. – 10. Midyear Symp. Health Physics Soc. Saratoga Springs, New York, 11–13 Oct.

Mancuso, T. F., Stewart, A., Kneale, G. (1977): Radiation exposures of Hanford workers dying from cancer and other causes. – Health Physics 33, 369–384.

Marks, S., Gilbert, E. S., Breitenstein, B. D. (1978): Cancer mortality in Hanford workers. – IAEA, SM-224, Vienna.

Machta, L. (1959): In: US Scientific committee on effects of atomic radiation. Dec. 1959.

Martin, J. E., Harward, E. D., Oakley, D. T., Smith, J. M., Bedrosian, P. H. (1970): Radioactivity from fossil fuel and nuclear power plants. – Symp. Environmental aspects of nuclear power stations. New York, IAEA, SM-146/19.

Martin, A., Fry, T. M. (1974): Population dose commitments from releases of tritium, carbon-14 and Krypton-85. Int. Symp. Rad. Prot. Philos. and Implement. – Soc. for Rad. Prot., Aviemore, Scotland, June 1974.

Maslov, V. I., Maslova, K. I., Verkhovskaya, N. (1966): Characteristics of the radioecological groups of mammals and birds of biocoenoses with high natural radiation. – In: Åberg, B., Hungate, F. P. (Ed.): Radioecological concentration processes. Pergamon Press, 561–71.

Mayr, E. (1967): Artbegriff und Evolution. – Verlag Paul Parey, Hamburg.

Mays, C. W. (1963): Iodine-131 in Utah during july and august 1962. – In: Haerings on fallout, radiation standards and countermeasures. JCAE, part 2, 536–63, Aug. 1963.

McGandy, R. B., Kennedy, A. R., Terzagi, M., Little, J. B. (1974): Experimental respiratory carcinogenesis: Interaction between alpha radiation and benzo(a)pyrene in the hamster. – In: Karbe, E., Park, J. F.: Experimental lung cancer. Carcinogenesis and bioassays, Springer-Verlag, 485–491.

Medvedev, Z. (1977): Facts behind the Soviet nuclear disaster. – New Scientist 74, 761–764.
Siehe auch New Scientist (1976) 72, 264.

Moeller, D. W. (1971): The president's message. – Health Physics 21 (1), 1.

Moghissi, A. A., Carter, M. W., Liebermann, R. (1971): Long term evaluation of the biological half-life of tritium. – Health Physics 21, 57–60.

Morgan, K. Z. (1975 a): Reducing medical exposure to ionizing radiation. – Am. Ind. Hyg. Ass. J. May 1975, 358–368.

Morgan, K. Z. (1975 b): Suggested reduction of permissible exposure to plutonium and other transuranium elements. – Am. Ind. Hyg. Ass. J., 567–575.

Morgan, K. Z. (1978): Cancer and ionizing radiation. – Bull. At. Sci. 34 (7), 30–41.

Moskalev, J. I., Buldakov, L. A., Lyaginskaya, A. M., Ovcharenko, E. P., Egorova, T. M. (1969): Experimental study of radionuklide transfer through the placenta and their action on the fetus. – Symp. Radiation biology of the fetal and juvenile mammal. Hanford, 153–66, Dec. 1969.

Münnich, K. O., Vogel, J. C. (1958): Durch Atomexplosion erzeugter Radiokohlenstoff in der Atmosphäre. – Naturwissenschaften 45, 327–29.

Mukai, T. (1964): The genetic structure of natural populations: I. Spontaneous mutation rate of polygenes controlling viability. – Genetics 50, 1–19.

Mukai, T., Chigusa, S. I., Mettler, L. E., Crow, J. F. (1972): Mutation rate and dominance of genes affecting viability in Drosophila melanogaster. – Genetics 72, 335–55.

Muller, H. J. (1927): Artificial transmutation of the gene. – Science 66, 84.

Muller, H. J. (1955): How radiation changes the genetic constitution. – Conf. on Peaceful Uses of Atomic Energy 11, 387–399, Geneva 1955; Bull. At. Sci. 11, 1955, 329–338.

Müller, W. A. (1967): Gonad dose in male mice after incorporation ot strontium-90. – Nature 214, 931–33.

Nachtigall, D. (1971): Physikalische Grundlagen für Dosimetrie und Strahlenschutz. – Verlag Karl Thiemig, München, 24.

NAS-Publ. (1961): Effects of inhaled radioactive particles. – NAS-NRC, Publ. 848, Washington.

NAS-Report (1966): Report to the division of reactor development and technology, US Atomic Energy Commission. – NAS-NRC, Div. of Earth Sciences, Committee on Geologic Aspects of Waste Disposal (J. E. Galley, Chairman). May 1966, unpubl.

Nayar, G. G., George, K. P., Gopal-Ayengar, A. R. (1970): On the biological effects of high background radioactivity: Studies on *Tradescantia* grown in radioactive monazite sand. – Radiation Botany 10, 287–292.

Nelms, A. T. (1956): Energy loss and range of electrons and positrons. – NBS, Circular Nr. 577.

Nettancourt, D., Eriksson, G., Lindgren, D., and Puite, K. (1977): Effects of low doses by different types on the waxy locus in barley and maize. – Hereditas 85, 89–100.

Nevstrueva, M. A., Ramzaev, P. V. Moiseev, A. A., Ibatullin, M. S., Teplykh, L. A. (1966): The nature of Cs-137 and Sr-90 transport over the lichen-reindeer-man food chain. – In: Åberg, B., Hungate, F. P. (Ed.): Radioecological concentration processes. Pergamon Press, 209–16.

Newcombe, H. B., McGregor, J. F. (1964): Learning ability and physical well-being in offspring from rat populations irradiated over many generations. – Genetics 50, 1065–81.

Norman, C. (1974 a): Concerted criticism of breeder reactors. – Nature 249, 202–3.

Norman, C. (1974 b): Fruits of a Faustian bargain. – Nature 251, 270–71.

Novick, S. (1969): The careless atom. – Houghton Mifflin Comp., Boston.

Ophel, I. L. (1962): The fate of strontium in a freshwater community. – AECL-1642, Chalk River, Ont., Nov. 1962.

Paas, H. J., Thomas, C. W. (1952): A report of particle contamination, October – December 1951. – USAEC-HW-23517 (decl. 1959).

Page, D. I., Pulsford, E. W. (1967): The basic physics of radionuclides. – HL-67/6216, Harwell.

Pasquill, F. (1962): Atmospheric diffussion. – D. Van Nostrand, London.

Pauling, L. (1960): No more war. – Dodd, Mead & Co., New York, 1958. (Deutsch: Leben oder Tod im Atomzeitalter. – Sensen-Verlag, Wien).

Peirson, D. H., Salmon, L. (1959): Gamma-radiation from deposited fall out. – Nature 184, 1678–79.

Pendleton, R. C., Lloyd, R. D., Mays, C. W. (1963): Iodine-131 in Utah during july and august 1962. – Science 141, 640–42.

Peters, T. (1960): Über die Wirkung von Röntgenstrahlen auf befruchtete Eizellen von *Triton alpestris* unter besonderer Berücksichtigung der Wirkung kleiner Strahlendosen und geringer Schäden. – Strahlentherapie 112, 525–42.

Petkau, A., Chelak, W. S. (1976): Radioprotective effect of superdioxide dismutase on model phospholipide membranes. – Biochim. Biophys. Acta 433, 445–456.

Petkau, A. (1972): Effect of Na-22 on a phospholipid membrane. – Health Physics 22 (2) 239–44.

Pohl, R. O. (1974): Kernenergie und unsere Verantwortung gegenüber zukünftigen Generationen. – Blätter für Natur- und Umweltschutz, Juli 65–67.

Pohl, R. O. (1976 a): Radioactive pollution. – ASHRAE Journal, Sept., 47–51.

Pohl, R. O. (1976 b): Nuclear energy: Health impact of carbon-14. – Rad. and Environm. Biophys. 13, 315–327.

Polikarpov, G. G. (1966 a): Radioecology of aquatic organisms. – North-Holland Publ. Comp. Amsterdam, Reinhold Book Div., New York.

Polikarpov, G. G. (1966 b): Regularities of uptake and accumulation of radionuclides in aquatic organisms. – In: Åberg, B., Hungate, F. P. (Ed.): Radioecological concentration processes. Pergamon Press, 819–25.

Rajewsky, B. (1954): Radiation death in mammals. – In: Bacq, Z. M., Alexander, P.: Radiobiol. Symp., Butterworths Sci. Publ., 81–92.

Rajewsky, B., Franke, T., Groos, E., Heyder, J., Kaul, A., Lippert, W., Rajewsky, M. F. (1962): Untersuchungen radioaktiver Partikel aus dem Jahre 1961 („Heiße Teilchen"). – Atompraxis 8 (50), 237–57.

Rasmussen, N. C. (1974): An assessment of accident risks in U.S. commercial nuclear power plants. – WASH-1400, AEC.

RBE-Committee (1963): Report of the RBE-Committee to the international commission on radiological protection and on radiological units and measurements. – Health Physics 9, 357–84.

Rodger, W. A., Fineman, P. (1957): Ultimate disposal of radioactive wastes. – Symp. Reprocessing of irradiated fuels. AEC/TID-7534, Brüssel.

Romney, E. M., Mork, H. M., Larson, K. H. (1970): Persistence of Plutonium in soil, plants and small mammals. – Health Physics 19, 487–491.

Roser, F. X., Kegel, G., Cullen, T. L. (1964): Radioecology of some high-background areas of Brazil. – In: The natural radiation environment. William March, Chic. Ill., 855–72.

Rotblat, J. (1978): The risks for radiation workers. – Bull. At. Sci. 34 (7), 41–46.

Russell, L. B., Russell, W. L. (1954): An analysis of the changing radiation response of the developing mouse embryo. – J. Cell. Comp. Physiol. 43, Suppl. 1, 103–49.

Russell, W. L. (1965): Studies in mammalian radiation genetics. – Nucleonics 23 (1), 53–62.

Sax, K. (1940): An analysis of x-ray induced chromosomal aberrations in *Tradescantia*. – J. Genetics 25, 41.

Sax, N. I., Lemon, P. C., Benton, A. H., Gabay, J. J. (1969): Radiological surveillance of waterways around a nuclear fuels reprocessing plant. – Radiological Health and Data Reports 10 (8), 289–296.

Schmidbauer, W. (1972): Homo consumens – Der Kult des Überflusses. – Deutsche Verlags-Anstalt, Stuttgart.

Schumacher, E. F. (1974): Es geht auch anders. Jenseits des Wachstums – Technik und Wirtschaft nach Menschenmaß. – Desch Verlag, München.

Schwerdtfeger, F. (1963): Ökologie der Tiere. Band 1: Autökologie. – Verlag Paul Parey, Hamburg.

Scott, K. G., Stewart, E. T., Porter, C. D., Sirafinejad, E. (1973): Occupational x-ray exposure associated with increased uptake of rubidium by red cells. – Arch. Environmental Health 26, 64–66.

Seelentag, W. (1973): Die medizinische Strahlenbelastung der Bevölkerung. – In: Allgemeine Strahlenbelastung des modernen Menschen. SVA Tagung Zürich, 16–28, März 1973.

Seelmann-Eggebert, W., Pfennig, G., Münzel, H. (1968): Nuklidkarte. – BM f. wiss. Forschung (Hg.), BRD.

Segi, M., Kurihara, M., Matsugama, T. (1965): Cancer mortality in Japan (1899–1962). – Dept. of Public Health, Tohoku University Sendai, Japan.

Shapley, D. (1977): Reactor Safety: Independance of Rasmussen study doubted. – Science, 1. July 1977, 29–31.

Sharitz, R. R., Scott, S. L., Pinder, J. E., Woods, S. K. (1975): Uptake of radiocaesium from contaminated floodplain sediments by herbaceous plants. – Health Physics 28, 23–28.

Shiomi, T., Inagaki, E., Inagaki, H., Nakao, Y. (1963): Mutation rates at low dose level in *Drosophila melanogaster.* – J. Rad. Res. 4, 105–110.

Spalding, J. F., Brooks, M., McWilliams, P. (1966): Reproductivity and life span of mouse populations from 25 generations of irradiated sires. – Genetics 54, 755–61.

Sparrow, A. H., Unterbrink, A. G., Rossi, H. H. (1972): Mutations induced in *Tradescantia* by small doses of x-rays and neutrons: Analysis of dose-response curves. – Science 176, 916–918.

Spiess, H., Mays, C. W. (1970): Bone cancers induced by Ra-224 (ThX) in children and adults. – Health Physics 19, 713–29.

Stehn, J. R., Clancy, E. F. (1958): Fission product radioactivity and heat generation. – 2nd UN-Conf. Peaceful uses of atomic energy, Geneva, P/1071, Bd. 13, 49–56.

Stehney, A. F. (1960): In: Symp. Radioisotopes in the biosphere, Section IV; Minneapolis 1960.

Steinitz, R. (1965): Pulmonary tuberculosis and carcinoma of the lung. A survey from two population based disease registers. – Amer. Rev. Resp. Dis 92, 758–65.

Sternglass, E. J. (1972 a): Environmental radiation and human health. – 6th Berkeley Symp. Mathematical statistics and probability 1970. University of California Press, 145–221.

Sternglass, E. J. (1972 b): Low level radiation. – Ballantine books, SBN 345-02516-4-125.

Sternglass, E. J. (1973): Epidemiological studies of fallout and patterns of cancer mortality. – In: Radionuclide carcinogenesis. AEC-CONF-72 05 05, 254–77.

Sternglass, E. J. (1974): Dose-rate effects in the relative biological action of medical and environmental radiation. – Dept. of Radiology, Univ. Pittsburgh, June 1974.

Stewart, A., Kneale, G. W. (1970): Radiation dose effects in relation to obstetric x-rays and childhood cancers. – The Lancet (6), 1185–88.

Stewart, A. (1978): Persönliche Mitteilung

Stokke, T., Oftedal, P., Pappas, A. (1968): Effects of small doses of radioactive strontium on the rat bone marrow. – Acta Radiologica 7, 321–29.

Strohm, H. (1973): Friedlich in die Katastrophe – Eine Dokumentation über Kernkraftwerke. – Association Verlag, Hamburg.

Tamplin, A. R., Fisher, H. L. (1966): Estimation of dosage to thyroids of children in the US from nuclear tests conducted in Nevada during 1952 through 1955. – UCRL-1 47 07, May 1966.

Takahashi, C. S. (1976): Cytogenetical Studies of the effect of high natural radiation levels in *Tithyus bahiensis* (Scorpiones, Buthidae) from Morro do Ferro, Brazil. – Radiation Research 67, 371–381.

Takahashi, C. S., Ichikawa, S. (1976): Variation of spontaneous mutation frequency in *Tradescantia* stamen hairs under natural and controlled environmental conditions. – Environmental and Experimental Botany 16, 287–293.

Tamplin, A. R., Gofman, J. W. (1970): «Population control» through nuclear pollution. – Nelson Hall. Comp., Chicago.

Tamplin, A. R., Cochran, T. B. (1974): Radiation standards for hot particles. A report on the inadequacy of existing radiation protection standards related to internal exposure of man to insoluble particles of plutonium and other alpha-emitting hot particles. – Natural Resources Defense Council, 1710 N Street, N. W. Wash. D. C.

Teufel, D. (1977): Zur Abschätzung des Verhaltens künstlicher Radionuklide in der Umwelt und der daraus entstehenden Strahlenbelastung für Menschen in der Umgebung kerntechnischer Anlagen unter besonderer Berücksichtigung des Verzehrs landwirtschaftlicher Produkte. – Diplomarbeit, Botanisches Inst., Univ. Heidelberg, Dez. 1977.

Teufel, D. (1976): Radioaktive Kontaminationen in der Umgebung kerntechnischer Anlagen – Analyse der amtlichen Umgebungsüberwachung. – Arbeitsgemeinschaft Umweltschutz an der Universität Heidelberg; erweiterte Auflage Juni 1977.

Thompson, J. J. (1977): Proof of evidence submitted at Windscale inquiry, Sept. 1977.

Timofeeva, N. A., Kulinov, N. V. (1966): The role of freshwater plants in accumulation of Sr-90 and its distribution over the components of reservoir. – In: Åberg, B., Hungate, F. P. (Ed.): Radioecological concentration processes, Pergamon Press 835–41.

Timofeeff-Ressovsky, N. V., Ivanov. V. I., Korogodin. V. J. (1972): Die Anwendung des Trefferprinzips in der Strahlenbiologie. – VEB Fischer Verlag, Jena.

Tinker, J. (1973): Breeders: risks man dare not run. – New Scientist, 473–76.

Upton, A. C., Cosgrove, G. E. Jr. (1968): Radiation – induced leucaemia. – Experimental leucaemia, Rich, M. A. ed. New York Appleton-Century Crofts, 1968, 131–158.

US Department of Health, Education and Welfare (1966): Disposition and control of uranium mill tailings piles in the Colorado River basin. – Federal Water Pollution Administration, Region VIII, Denver, Colorado.

Vogt, K. J. (1973): Dispersion of airborne radioactivity released from nuclear installations and population exposure in the local and regional environment. – KFA Jülich, ZST-Bericht 179.

Wagner, F. (1969): Die Wissenschaft und die gefährdete Welt. Eine Wissenschaftssoziologie der Atomphysik. – Beck'sche Verlagsbuchhandlung, München.

WASH-1258 (1973): Numerical guides for design objectives and limiting conditions to meet the criterion as low as practicable for radioactive material in light water cooled nuclear reactor effluents. – AEC, Washington DC.

WASH-1248 (1974): Environmental survey of the uranium Fuel Cycle. – US Atomic Energy Commission, April 1974 s-15 (entsprechend dem Korrekturblatt ausgebessert).

Way, K., Wigner, E. P. (1948): Decay rate of fission products. – Phys. Rev. 73, 1318–30.

Weinberg, A. M. (1972): Social institutions and nuclear energy. – Science 177, 27–34.

Weish, P., Gruber E. (1973 a): Das «friedliche Atom». – In: Grzimeks Tierleben, Bd. 15: Unsere Umwelt als Lebensraum. Kindler Verlag, München.

Weish, P., Gruber, E. (1973 b): Atomenergie und Umweltsituation – Die Radiointoxikation der Biosphäre. – Aufsätze u. Red. senckenb. naturf. Ges., Bd. 23, Verlag W. Kramer, Frankfurt.

Weish, P., Gruber, E. (1974): Beitrag zur Problematisierung der Kernindustrie. – Ludwig Boltzmann-Institut für Umweltwissenschaften und Naturschutz, Wien.

Weish, P., Gruber, E. (1975): Maßnahmen zur Lösung des Zielkonfliktes zwischen Gesundheitssicherung und Energieplanung. In: Systemanalyse des Gesundheitswesens in Österreich, Montanverlag, Wien.

Wick, G. (1972): A salty graveyard for nuclear waste. – New Scientist, 587–89.

Wildung, R. E., Garland, T. R. (1974): Influence of soil plutonium concentration on plutonium uptake and distribution in shoots and roots of barley. – J. Agr. Food Chem. 22, pp. 836–838.

Willis, E. H. (1960): Atmospheric radiocarbon activity in 1959. – Nature 185, 552–53.

Willrich, M., Taylor, T. B. (1974): Nuclear theft: Risks and safeguards. – Ballinger Publ. Comp.

Wright, J. H. (1970): Electric power generation and the environment. – Westinghouse Engineer, May 1970.

Zhitenjowa, T. S., Nikanorow, J. I. (1972): Der Einfluß des vom Konakowschen Wärmekraftwerk abfließenden Warmwassers auf die biologischen Prozesse im Iwanjkowo-Stausee. – Verh. Internat. Verein. Limnol. 18, 833–36.

Zaytsev, Y. P., Polikarpov, G. G. (1964): Problems of the radioecology of the hyponeuston. – Okeanologiya 4 (3), 423–30.

# Sachregister